VEITS KLEINE SCHACHBÜCHEREI

Fortgeführt von Schachmeister Kurt Richter

Der Schachpraktiker

Ein Wegweiser für Lernende

von Kurt Richter

Mit zahlreichen Stellungsbildern

Zweite verbesserte Auflage

Berlin 1950

WALTER DE GRUYTER & CO

vormals G. J. Göschen'sche Verlagshandlung · J. Guttentag, Verlagsbuchhandlung

Georg Reimer · Karl J. Trübner · Veit & Comp.

Archiv-Nr. 532050
Printed in Germany / Satz und Druck: Buchdruckerei Oswald Schmidt GmbH., Leipzig M 118

Vorwort zur zweiten Auflage

Theorie und Praxis, scheinbare Gegensätze, müssen sich im Schach ergänzen. Der Verfasser dieses Büchleins ging bei aller Lehrtätigkeit immer von dem Grundsatz aus, nicht durch die Theorie die Praxis zu lehren, sondern aus der Praxis die Theorie zu gewinnen. Mit anderen Worten: die Kunst des Schachspiels kann nicht erlernt, sie muß erspielt werden. Und dazu soll diese Schrift eine kleine Hilfe geben.

„Der Schachpraktiker" befaßt sich hauptsächlich mit typischen Wendungen aus der Praxis; er führt den Vorwärtsstrebenden allmählich dazu, Verständnis für die Schachtechnik zu gewinnen. Oder glaubt jemand, er brauche in dieser Beziehung nichts mehr zu lernen? Er prüfe sich selbst.

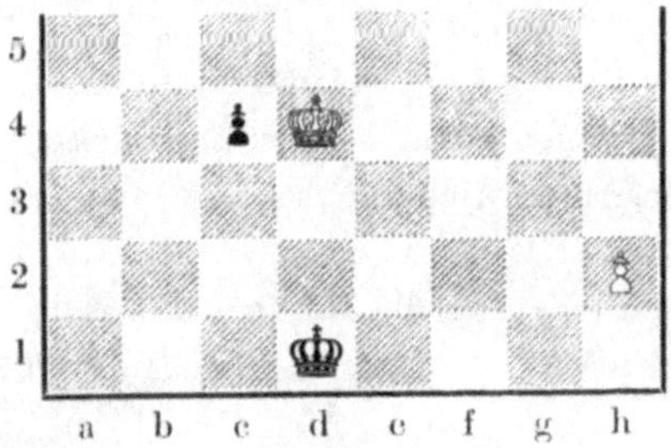

Schwarz am Zuge; wer gewinnt? (S. Seite 42.)

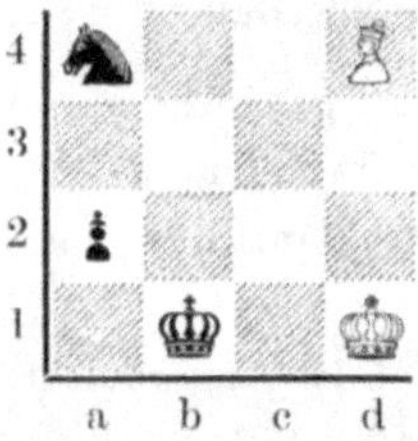

Weiß am Zuge; gibt es eine Rettung? (S. Seite 61.)

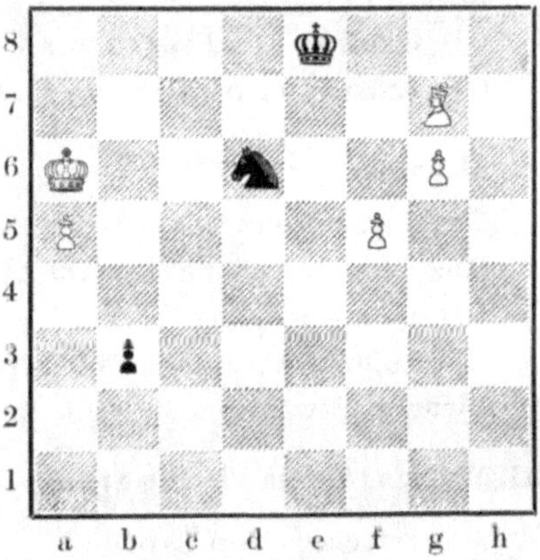

War 1. **f6** der richtige Zug? (Siehe Seite 68.)

Der vollkommene Schachpraktiker wird dies in einem Atemzuge lesen und lösen. Glücklicherweise aber gibt es ihn nicht, und der Verfasser hat auch nicht den Ehrgeiz, ihn mit irgendwelchen Büchern schaffen zu wollen. Es genügt ihm, anzuregen und den Blick für die Feinheiten des Schachs erweitern zu helfen.

Berlin, am 1. Januar 1950

Kurt Richter

Inhaltsverzeichnis

I. Wegbereiter sind die Bauern!

Die Kunst der Bauernführung

Der Verlauf einer Schachpartie wird weitgehend durch den Aufbau der Bauernfront bestimmt. Die Bauern bereiten den Offizieren den Weg, aber sie stehen ihnen auch oft genug im Wege! Die schlechte Stellung der Bauern kann ebenso entscheidend sein wie die gute. Zwei Grundgesetze sind es, die bei dem Kampf der Bauern beachtet werden müssen:

1. Jeder Bauernzug lockert die Stellung.
2. Jeder Bauer hat den Drang nach „vorwärts" in sich.

Sie widersprechen sich — gewiß, aber was widerspricht sich im Schach nicht?

Schach — das „Spiel der kleineren Übel"

Eine kleine Abschweifung sei hier gestattet. Wir stellen bestimmte Regeln im Schach auf, die in so manchen Fällen sich gut bewähren, aber wir wissen ganz genau, daß es Ausnahmen über Ausnahmen gibt. Schach ist eben das Spiel der Ausnahmen; man kann es auch das Spiel der „kleineren Übel" nennen.

Wenn sich der Spieler immer an die Regeln und wichtigsten Erfahrungssätze halten wollte: wo käme er da hin? Keine Figur soll er ohne Deckung lassen, keine schwächenden Bauernzüge machen, wichtige Punkte gut geschützt halten, die Dame nicht zu früh ins Spiel bringen, die Entwicklung nicht vernachlässigen, das Zentrum besetzen, die Türme nicht passiv aufstellen, sich keinen Doppelbauern machen lassen, jeder Fesselung ausweichen usw. usw. Wollte jemand sklavisch all diese im Grunde freilich durchaus richtigen Merksätze befolgen, so käme ein verkrampftes, unfreies und schlechtes Spiel heraus. — Nein, die „graue Theorie" gibt uns nur Wegweiser an die Hand, die uns eine Beurteilung der Stellung erleichtern sollen. Nie kann bloße Theorie das selbständige Denken ersetzen. In der Schachpartie werden wir so manches Mal rückständige Bauern in Kauf nehmen oder uns in eine unbequeme Fesselung begeben oder uns den Teufel um Doppelbauern kümmern, wenn wir nur andere Vorteile dabei eintauschen. „Das kleinere Übel" entscheidet.

Ein System im Schach gibt es nicht, und wird es nie geben! —

Kehren wir zurück zum Kampf der Bauern.

Der Wert der Bauernstellung

Bevor wir uns mit den Bauernzügen selbst befassen, wollen wir einige Bemerkungen über Bauernstellungen voranschicken.

Der Wert der Bauernstellung wechselt je nach Art und Zahl der Figuren, die sich noch am Brett befinden.

(S. Bild auf nächster Seite.)

Hier ist die Bauernstellung für Weiß günstig, denn Schwarz hat einen Doppelbauern und einen vereinzelten Bauern am Damenflügel. Weiß ist aber trotzdem nicht im Vorteil, denn der Gegner erlangt mit c5! nebst baldigem

(Schwarz am Zuge)

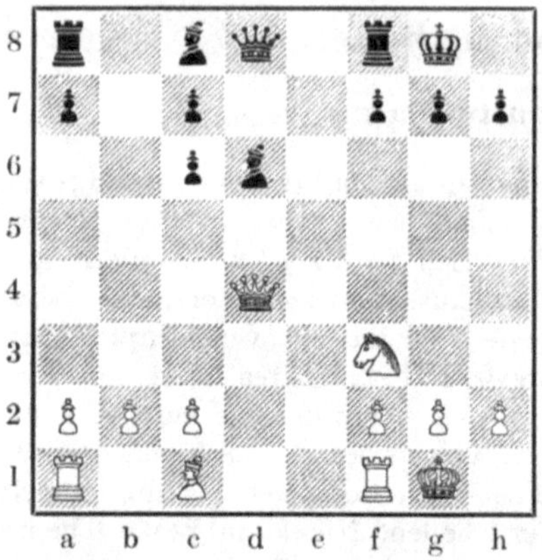

Lb7 dank ausgezeichneter Läuferwirkung ein vollwertiges Angriffsspiel. An Ausnützung der Bauernschwächen durch Weiß ist für lange Zeit nicht zu denken.

Lassen wir nun den Ld6 und den Lc1 vom Brett verschwinden!

Sofort ändert sich das Bild. Die schwarzen Angriffsaussichten sind auf ein Minimum zusammengeschrumpft; der Springer ist in einem eventuellen Endspiel besser als der Läufer, weil er auf c5 ein vorzügliches Blockade-

(Schwarz am Zuge)

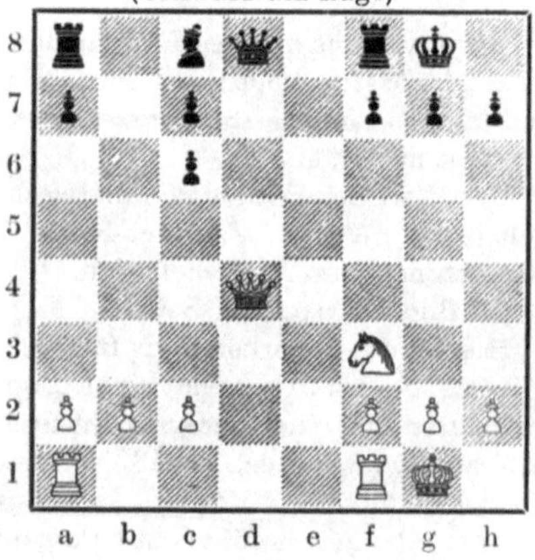

feld findet. Die Ausnützung der schwarzen Bauernschwächen ist in greifbare Nähe gerückt.

Denken wir uns jetzt sämtliche Figuren vom Brett, so daß nur die Könige mit ihren Bauern übrigbleiben, so muß Weiß leicht gewinnen, wenn er mit seinem König das Blockadefeld c5 erreicht. Bei einem Tempokampf entscheidet die Tatsache, daß Weiß mehr Bauernzüge zur Verfügung hat als Schwarz. Dies auszuprobieren, bedeutet eine gute Übung!

Was folgt hieraus? Daß eine Stellung oder ein Punkt nur dann wirklich schwach sind, wenn der Gegner Zeit und Gelegenheit findet, sie anzugreifen! Nichts ist „schwach an sich"!

Die Bauernkette

Stehen in einer Diagonalen mehrere Bauern hintereinander, von denen einer den anderen deckt, so sprechen wir von einer Bauernkette. Bilden beide Gegner solche „Bauernketten", die ineinander übergreifen und jedes wirksame Figurenspiel unmöglich machen, so entstehen die gefürchteten „verschachtelten" Stellungen, bei denen mitunter sogar materieller Mehrbesitz nicht zum Gewinn genügt. Ein drastisches Beispiel:

(S. Bild auf nächster Seite.)

Weiß kann nicht gewinnen, da der schwarze König nicht von a8 vertrieben, sondern höchstens pattgesetzt werden kann. Der Läufer ist, da sämtliche schwarze Bauern auf weißen Feldern stehen, nicht einen Pfifferling wert! Weiß könnte ihn sogar nicht einmal dann verwerten, wenn er auf der „anderen Seite", etwa auf f6, stände. Die Bauernkette wird aber

„Die Barriere“

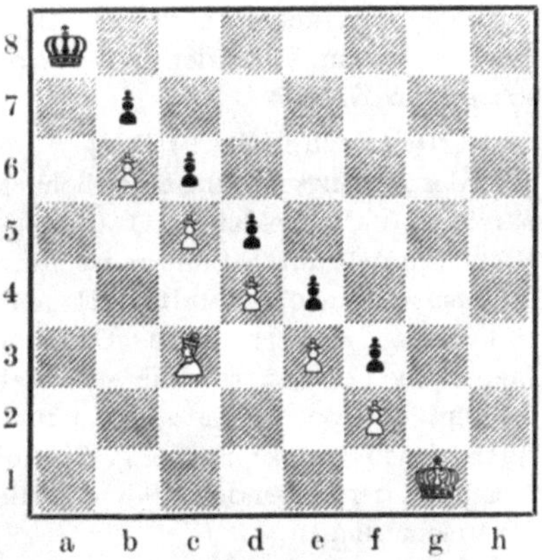

nicht immer so diagonal wie hier, sondern oft auch im Zickzack verlaufen.

Die Tendenz der Bauernkette ist es, ihren Vordermann so weit wie möglich in das feindliche Spiel hineinzutragen.

Ackermann

v. Hollberg (Fernpartie, 1938)

Hier hat Weiß die Spitze einer Bauernkette bis f6 vorgetrieben; dieser „Pfahl im eigenen Fleische“ wird Schwarz bei dem folgenden Mattangriff zum Verhängnis: **1. . . . . Lc3: 2. Dh6! Tg8 3. Th1! Ld2: 4. Dh7 + Kh7: 5. hg6: +.**

Wie schon diese kleinen Beispiele zeigen, sind Bauernketten die größten Hemmschuhe für die Figuren, meist für die feindlichen, manchmal aber auch für die eigenen! Wenn sich Bauernketten bilden wollen, so ist genau zu prüfen, wem sie schaden. Sind sie uns unbequem, so muß sofort dagegen angegangen werden.

In der französischen Partie kann Weiß nach **1. e4 e6 2. d4 d5** mit **3. e5** eine Kettenbildung versuchen. Spielt Schwarz passiv, so wird Weiß nach c3 und weiterer geeigneter Vorbereitung mit f4, g4, f5 usw. die Kette zu verlängern trachten, wobei als Ideal der auf f6 auftauchende f-Bauer erscheint (s. das vorhergehende Bild). Schwarz

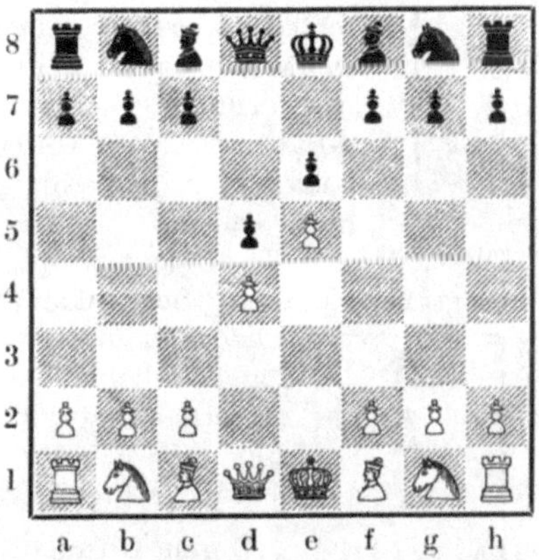

greift aber sofort mit **3. . . . . c5!** die Kette an. Ein Mittelstück der Kette herauszubrechen, ist immer vorteilhaft, weil diese dann in zwei Teile zerfällt und leichter angegriffen werden kann. Tauscht Weiß nicht auf c5 (was Schwarz am liebsten wäre), sondern deckt mit **4. c3,** so entsteht nach cd4: 5. cd4: ein schutzbedürftiger Bauer auf d4. Die Kraft der Kette ist auf alle Fälle geschwächt.

Unbewegliche Bauern

Eine Bauernmehrheit ist nichts wert, wenn man sie festlegen läßt. Der schwarze Bauer a4 beherrscht in nebenstehender Stellung beide feindlichen Bauern.

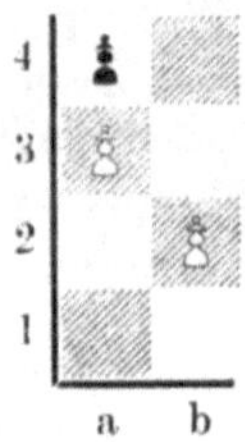

Wer eine Bauernmehrheit besitzt und diese zur Geltung bringen will, der gehe zuerst mit dem Bauern vor, der auf einer offenen Linie steht, also kein Gegenüber hat. Hier spielt Schwarz erst g6!, dann h6 und g5 und sichert damit den Vormarsch der Mehrheit. Würde er erst h6 (ebenso schlecht wäre h5) ziehen, so käme nach der weißen Antwort h5! der schwarze g-Bauer ohne Unterstützung seines Königs nicht weiter.

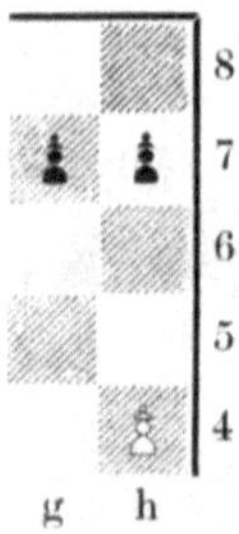

Dieser Begriff der Blockade spielt eine große Rolle im Schachkampf. Ebenso unangenehm für den betroffenen Bauern ist aber die Blockade durch feindliche Figuren.

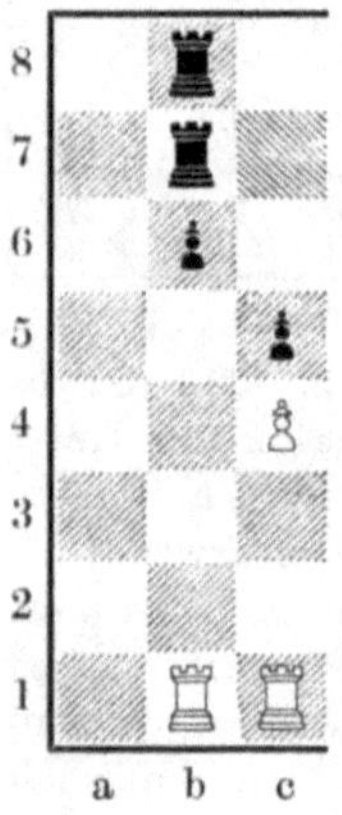

Durch Unterstützung beider Türme hofft Schwarz hier den rückständigen Bauern b6 vorstoßen zu können und damit die lästige Schwäche loszuwerden. Aber mit **1. Tb5!** verhindert Weiß auf mechanische Weise das Vorgehen des Bauern, er „blokkiert" ihn und bindet damit die schwarzen Kräfte.

Das Loch in der Stellung

In der Anfangsstellung einer Schachpartie sind alle Felder der 3. (bzw. 6.) Reihe doppelt durch Bauern geschützt (mit Ausnahme der Randfelder); jeder Bauernzug lockert diese Deckung. Ziehen beide Bauern, die ein Feld decken, auf, so entsteht das berüchtigte „Loch" in der Stellung. Ein mit Absicht übertreibendes Bild mag dies veranschaulichen.

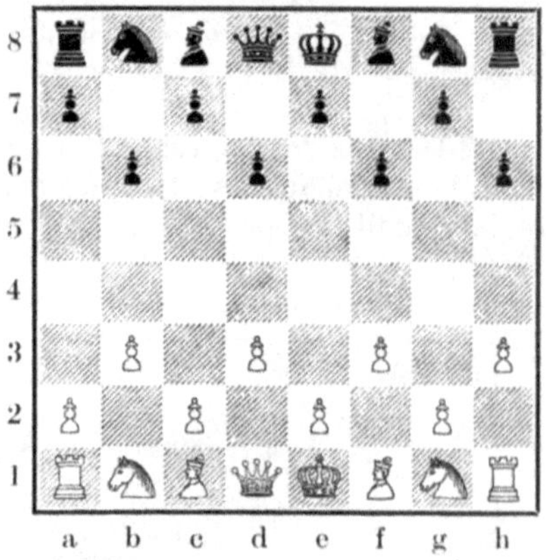

Die Bauern so oder ähnlich aufzustellen, wäre eine ganz verfehlte Strategie; im Lager von Weiß sind die schwarzen Felder a3, c3, e3, g3 und bei Schwarz die weißen Felder a6, c6, e6, g6 sehr geschwächt. Ein Einbruch feindlicher Figuren auf einem dieser Felder ist bei nächster Gelegenheit zu erwarten.

Drum: hüte dich vor solchen „Löchern". Sieh zu, daß, vor allem im ersten Teil der Partie, jedes Feld der 3. (6.) Reihe wenigstens durch einen Bauern geschützt bleibt!

„Löcher" können natürlich auch auf anderen Reihen entstehen. Erwähnt sei noch eine Methode, ein Loch „aufzufüllen", es gewissermaßen zu „plombieren".

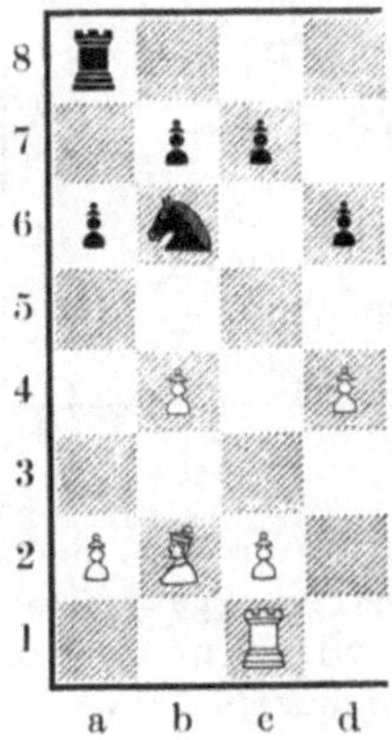

Hier möchte der schwarze Springer das Loch c4 besetzen und dort eine starke Wirkung ausüben. Mit **1. c4!** füllt Weiß es aber aus und behebt den Schaden. Ja – nun könnte aber der Springer nach a4 gehen!? Gewiß, aber am Rande steht er fast nie gut, und so hätte er auch hier nach 1. . . . . Sa4 2. La1 erheblich an Kraft eingebüßt. Auf c4 dagegen würde der schwarze Ritter nach dem Zentrum hin ganz anders zur Geltung kommen.

Bauern im Kampfe

Mit welchen Bauernzügen sollen wir die Schachpartie eröffnen? Machen wir uns vor allem klar, daß die Bauern die Seele des Spiels sind. Ein Zurück gibt es für den Bauern nicht. Jeder Bauernzug muß daher sorgfältig überlegt werden. Die Bauern beherrschen nur das Terrain, das vor ihnen liegt; was sie hinter sich zurücklassen, ist ihrem Einfluß für immer entzogen.

Das Zentrum ist der Angelpunkt

In der Partie dreht sich der Eröffnungskampf, wie bekannt, um das Zentrum (im engeren Sinne: die Felder d4—e4—d5—e5; weiter gefaßt: das Quadrat c3 c6—f6—f3). Hier einen Bauern mehr aufstellen zu können als der Gegner, wird als wesentlicher Erfolg der Eröffnungsstrategie gewertet. Ein Merksatz lautet, bei einem Tausch möglichst mit dem Bauern wieder zu schlagen, der sich dabei dem Zentrum nähert. Beim Kampf um das Zentrum entstehen meist Bauernspannungen (zwei feindliche Bauern stehen sich schlagbereit schräg gegenüber. Es bedarf nur des Entschlusses einer der Parteien, den Schlagfall auszuführen). Der Bauerntausch im Zentrum schafft tiefgreifende Veränderungen, weil neue Linien offen werden und der Schutz wichtiger Felder durch diese Bauern für immer verschwindet. Er muß daher besonders sorgfältig überlegt werden.

Nach **1. e4 e5 2. Sf3 Sc6 3. Lc4 Lc5 4. c3 Lb6 5. d4** würde Schwarz mit ed4: nur für Weiß arbeiten, weil dieser ein starkes und bewegliches Bauernzentrum erhielte. Spielt Schwarz aber

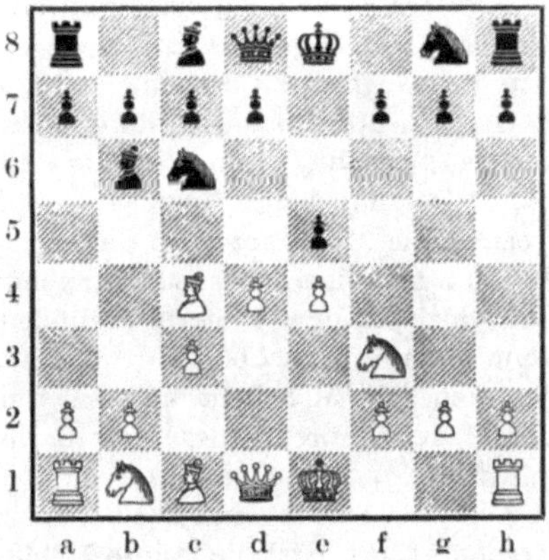

5. . . . . De7!, so wäre es wiederum für Weiß unzweckmäßig, auf e5 zu nehmen. Die schwarzen Figuren kämen dann gut ins Spiel, die Wirkung des Lb6 wäre vergrößert, und der Zug c2—c3 würde sich als unnütz erweisen.

Beide Parteien werden daher die Bauernspannung d4—e5 noch einige Zeit aufrechtzuerhalten trachten und nach Kräften bemüht sein, den Gegner hier zum Schlagen zu veranlassen.

Ähnlich ist es im Damengambit nach **1. d4 d5 2. c4.** Weiß versucht, den Bd5 zu entfernen, um später mit e2—e4 die Mitte zu besetzen. Schwarz wird sich daher im allgemeinen weigern, auf c4 zu nehmen, und etwa **2. .... e6** ziehen. Weiß erreicht nun mit 3. cd5: ed5: nichts; er fördert im Gegenteil die schwarze Entwicklung und befreit den Lc8. Auch hier werden also die Bauern c4 und d5 zunächst in „Spannung" bleiben (gespannt darauf, wer wohl zuerst tauschen wird!) Der Schachfreund möge aber bei jedem Zuge die Lage neu prüfen, ob nicht irgendein neues Moment das Schlagen rechtfertigt oder aber für den Gegner den Tausch vorteilhaft gestaltet.

Mitunter ist es möglich, durch eine planvolle Zugfolge das Schlagen seitens des Gegners zu erzwingen. Nach **1. e4 e5 2. Sf3 Sc6 3. Lb5 d6 4. d4** ist der Be5 bedroht. Nimmt Schwarz auf d4, so bekommt der Anziehende das freiere Spiel. Schwarz wird daher mit **4. .... Ld7** den Abtausch umgehen und doch keinen Bauern einbüßen, denn nach 5. Lc6: Lc6: wäre Be4 angegriffen. Mit **5. Sc3** deckt Weiß nun den Bauern, aber Schwarz greift ihn mit **5. .... Sf6** wieder an, so daß **6. Lc6: Lc6:** noch immer zu keinem Ergebnis führt. Erst die Pointe **7. Dd3!** zwingt Schwarz, Farbe zu bekennen. Mit natürlichen Zügen ist Be5 nicht zu decken (De7 wäre hier nicht gut, weil dadurch der Läufer verstellt und die kurze Rochade erschwert wird; die lange kann nicht im Sinne von Schwarz

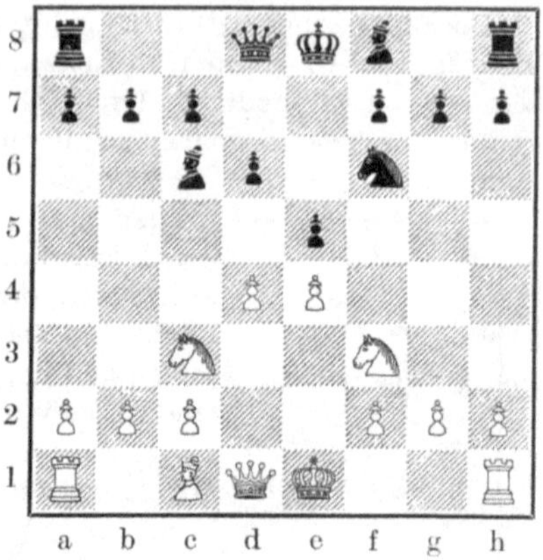

liegen, da er alsdann sofort einen scharfen Bauernsturm gewärtigen müßte); also wird Schwarz zu **7. .... ed4:** greifen müssen. Damit ist aber das erste Eröffnungsscharmützel zugunsten von Weiß entschieden.

Der aufmerksam Lesende wird sich wohl schon die Frage vorgelegt haben, weshalb denn Weiß nicht einfach mit dem einen Bauern vorbeigeht und so alle „Spannungsprobleme" bequem ausschaltet. Zieht er aber in diesem oder dem vorhergehenden Bild d4—d5, so „legt er sich im Zentrum fest", wie man zu sagen pflegt, die Bauern werden unbeweglich. Wie schon bei der Kettenbildung besprochen, ermöglicht dies dem Gegner einen wirksamen Gegenstoß (hier, nach Vorbereitung, f7—f5). Befreit vom Druck im Zentrum, atmet Schwarz erleichtert auf und gewinnt einen großen Teil seiner Handlungsfreiheit zurück. Und das wollen wir doch nicht, nicht wahr?

Bauerneinschritte

Eine weise Schachregel hat dem Bauern das Recht verliehen, von der Grundstellung aus zwei Schritte vorzugehen. Er hat aber die Wahl und kann sich auch mit einem begnügen. Von diesen Bauerneinschritten soll hier die Rede sein.

Man sieht oft in freien Schachpartien, wie beide Partner nach den ersten Eröffnungszügen blitzschnell die Züge a3, a6, h3, h6 folgen lassen. Offenbar ist ihnen schon öfters durch einen Springer- oder Läuferzug nach b4 (b5) oder g4 (g5) Unheil widerfahren, „und das soll mir nicht wieder vorkommen!" Trotzdem: ohne besonderen Anlaß wollen wir diese Angstzüge nicht machen, sie kosten uns Zeit, die zunächst besser der Entwicklung der Figuren zugute kommen kann. Dann aber sind solche Bauernzüge bei bestimmten Angriffssystemen ein schweres Hindernis, weil sie ein Eingreifen des Turmes auf der 3. Reihe unmöglich machen. Was gemeint ist, zeigt folgende Kombination.

Wilk

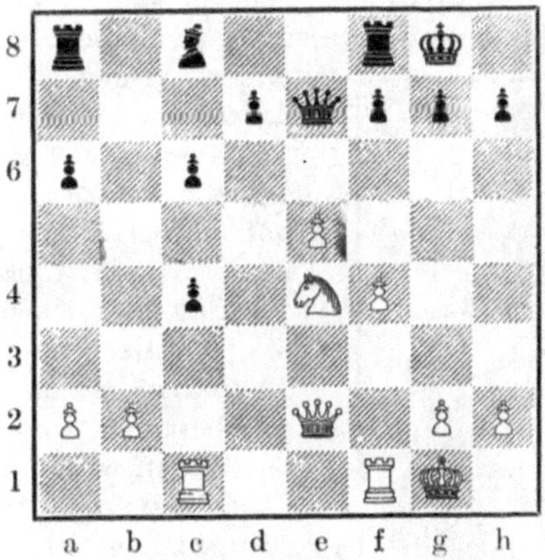

K. Richter (Berlin 1940-41)

Mit **1. Tc3 a5 2. Sf6†! Kh8** (gf6: 3. Dg4† Kh8 4. Tg3!) **3. Th3! h6** (gf6:, Dh5!) **4. De4!** erzwang Weiß den Sieg. Diese Kombination wäre, stünde der Bh2 auf h3, nicht möglich gewesen. Man wird erwidern: „Damit kann man doch nicht rechnen!" Gewiß nicht; wir wollten ja auch nur zeigen, welche Chancen solche gedankenlosen Sicherungszüge manchmal vernichten.

Der Einschritt c2—c3 (zwecks Zentrumsbildung durch d2—d4) ist immer dann nicht anzuempfehlen, wenn Schwarz vorteilhaft zu d7—d5 kommt, z. B. **1. e4 c5 2. Sf3 Sc6 3. c3? d5!.** Der Grund ist der, daß nach **4. ed5: Dd5:** der Tempoangriff 5. Sc3 nicht möglich ist. Schwarz hat dann die Eröffnungsschwierigkeiten überwunden.

Gut ist c2—c3 meist dann, wenn d2—d4 mit Angriff auf eine Figur droht, also etwa nach **1. e4 e5 2. Sf3 Sc6 3. Lb5 Lc5 4. c3!.** Hier ist außerdem auf **4. .... d5** einfach **5. d4 de4: 6. Se5:** spielbar.

Züge wie f3 bzw. f6 in der Eröffnung sind höchst verdächtig und tunlichst zu vermeiden. Bekannt dürfte sein, daß nach **1. e4 e5 2. Sf3** die Deckung **2. .... f6?** verfehlt ist, weil Weiß mit **3. Se5:! fe5:? 4. Dh5†! Ke7** (g6, De5+ nebst Dh8:) **5. De5+ Kf7 6. Lc4†** zu einem rasch entscheidenden Angriff kommt. Weiß kann die Schwächung der Diagonalen e8—h5, die der Bauernzug f6 hervorgerufen hat, schnell ausnutzen.

Nach der kurzen Rochade entblößen die Züge des f-Bauern die Diagonale a7—g1 (bzw. a2—g8), so daß hier mitunter peinliche Schachgebote und Fesselungen durch den gegnerischen Läufer entstehen. Hat Weiß aber einen Bauern auf c4 (bzw. Schwarz einen solchen auf c5) zu stehen, so können die f-Bauern schon unbesorgter ziehen, weil dann dem Eingreifen des feindlichen Läufers ein natürliches Hindernis entgegensteht.

Die Einschritte von Mittelbauern sind zum Teil Gegenstand der Theorie (z. B Französisch 1. e4 e6; Caro—Kann 1. e4 c6, usw); immer wird dann aber wenigstens der andere Zentrumsbauer zwei Schritte tun. Es wäre eine verfehlte Strategie, etwa beide Zentrumsbauern nur einen Schritt vorzurücken und damit dem Gegner ein starkes Zentrum sozusagen zu schenken Nur in einem Spielanfang hat sich der doppelte Einschritt der Zentrumsbauern bis heute als spielbar erwiesen in der sizilianischen Partie Nach **1. e4 c5 2. Sf3 Sc6 3. d4 cd4: 4. Sd4: Sf6 5. Sc3 d6 6. Le2** darf Schwarz **6. . . . . e6** ziehen. (Immerhin hat er ja einen der weißen Zentrumsbauern abtauschen können)

So befremdend diese Aufstellung aussieht — Bd6 ist etwas „entwurzelt" und schwach —, sie ist doch stärker als man glaubt. d6 ist nicht zu erobern, die wichtigen Zentrumsfelder d5 und e5 sind den weißen Springern nicht zugänglich, am Damenflügel kann Schwarz mit a6 und b5 vorgehen, schließlich kommt auch einmal die halboffene c-Linie zur Geltung. Aber auch diese Ausnahme bestätigt nur die Regel! Und diese lautet: B a u e r n a u f d e r 3. (6) R e i h e b e h i n d e r n d i e E n t w i c k l u n g d e r F i g u r e n ! Das Ideal — vom positionellen Standpunkt aus — wäre, nur die beiden Mittelbauern zwei Schritte machen zu lassen und im übrigen mit den Figuren zu spielen. Es ist aber nicht erfüllbar (wäre es sonst ein Ideal?).

Bauern öffnen und sperren Linien

Von Linienöffnung und -sperrung durch Bauern war oben schon die Rede. Wir können uns daher hier damit begnügen, zur Technik der Linienöffnung einiges zu sagen

Das F e s t l e g u n g s p r i n z i p, eines der wichtigsten im Kampf um eine Linienöffnung, sei vorangestellt.

Weiß will auf Angriff spielen und für seine schweren Figuren eine Linie öffnen. Wie geht er dabei zu Werke? Spielt er sofort 1. g5, so zieht Schwarz mit h5! vorbei. Richtig ist es, erst mit **1. h5!** den Bh6 festzulegen; die Linienöffnung durch **2. g5** ist dann gesichert. Ein weiterer Begriff wird uns dabei klar: der der A n g r i f f s m a r k e.

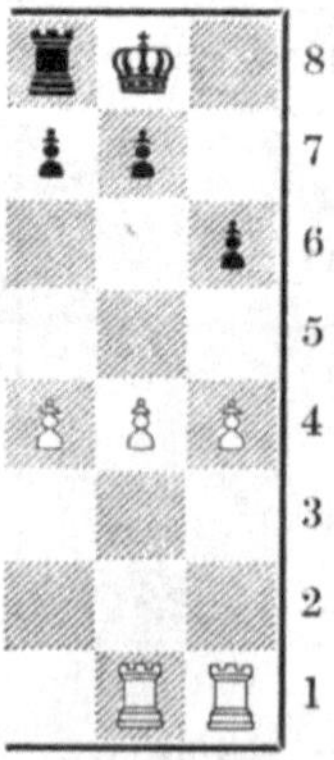

Der schwarze Bh6 gab uns die Marke zum Angriff! Stünde er noch auf h7, so wäre eine Linienöffnung noch in weiter

Ferne. Auch das ist ein Nachteil der Züge h3 (h6) bzw. a3 (a6)! (Der lernende Schachfreund gerät nun wieder in eine widerspruchsvolle Lage: unterläßt er diese Züge, so vermeidet er Zeitverluste und schafft keine Angriffsmarken. Andererseits soll er aber seinem König ein Luftloch schaffen, und das wird meist h3 bzw. h6 sein. Da bleibt uns nur der schon einmal gegebene Rat, nach dem „kleineren Übel" Umschau zu halten!)

Bauern können aber nicht nur Linien öffnen oder schließen, sondern auch strategisch wichtige Punkte

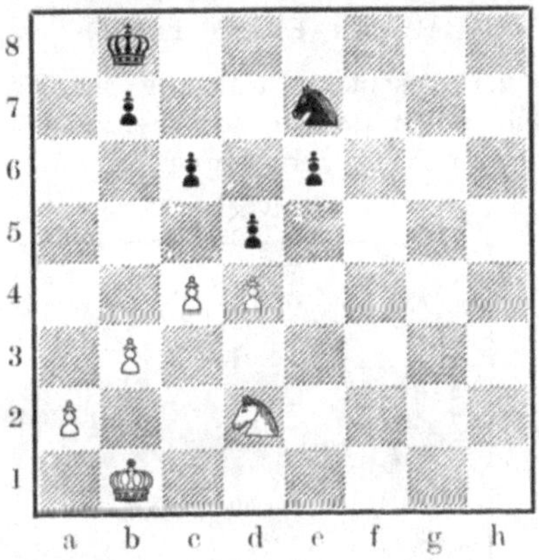

durch Abtausch der sie schützenden feindlichen Bauern erobern. Ganz roh läßt sich dieses Thema an obenstehendem Bilde erläutern. Der schwarze Springer strebt nach dem Felde d5; mit dc4: bc4: (bei Sc4: hätte Schwarz sein Ziel schon erreicht!) b5! tauscht Schwarz alle weißen Bauern ab, die das Feld d5 beherrschen, und macht dieses damit seinem Springer zugänglich. Ein Beispiel aus der Praxis soll noch folgen.

Der Sd5 kann jederzeit durch c2—c4 verjagt werden. Schwarz sann da-

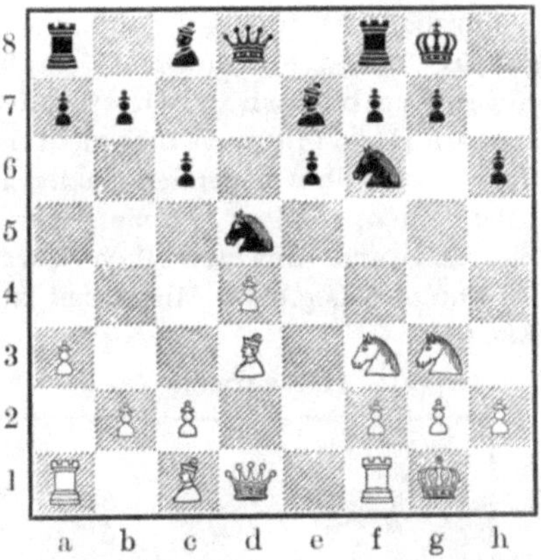

her auf Mittel und Wege, dem Gegner diesen Bauernzug zu nehmen. Er zog zunächst **1. . . . . Ld6;** auf 2. c4 würde nun Sf4! folgen, wonach Weiß wohl mit 3. Lf4: das Läuferpaar aufgeben müßte. **2. Se5.** Deshalb ist dieser Zug verständlich. Allein nun erreicht Schwarz das gesteckte Teilziel: Verhinderung von c4. **2. . . . . c5!.** Greift die Deckung von e5 an. **3. c3.** Nach 3. c4 cd4: steht Se5 ein. **3. . . . . cd4: 4. cd4:** Es ist geschafft. Die starke Springerstellung d5 ist gesichert; kein feindlicher Bauernvorstoß kann sie mehr erschüttern. Im weiteren Verlauf der Partie siegte Schwarz hauptsächlich durch die beherrschende Stellung seines Zentralspringers.

Die Großmacht Freibauer

Jawohl: Die Großmacht Freibauer! Er ist der Hauptakteur des Endspiels, mitunter aber auch des Mittelspiels; von ihm hängt sehr oft Sieg oder Niederlage seiner Partei ab. Ihn richtig führen oder wirksam bekämpfen zu können, ist eine Hauptforderung an den Spieler.

Für die Bekämpfung der Freibauern gilt als oberster Grundsatz: suche jeden Freibauern in seinem Lauf aufzuhalten! Begnüge dich nicht damit, die vor ihm liegenden Felder zu beherrschen, sondern hemme ihn mechanisch und unwiderruflich durch Blockade! Das gilt für Mittelspiel und Endspiel.

Heidenreich

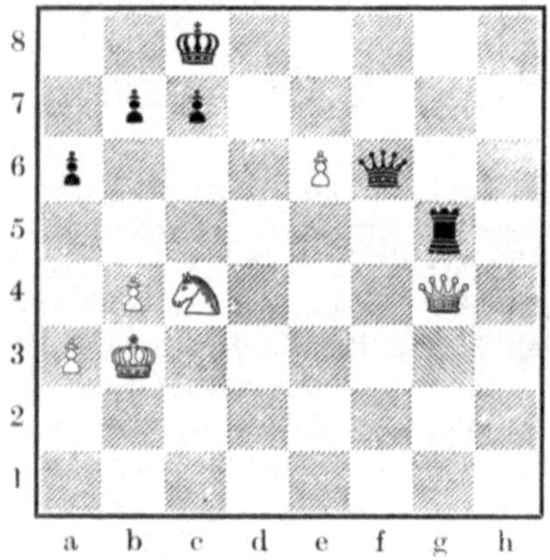

R. Trültsch (Wurzen 1935)

Würde die schwarze Dame auf e7 stehen, der Freibauer also blockiert sein, so hätte Schwarz mit der Qualität mehr begründete Gewinnaussichten. Die Tatsache aber, daß der Freibauer wirklich „frei" ist, nutzte Weiß zu folgender hübschen Abwicklung aus. **1. e7†!! Tg4: 2. e8 D† Dd8 3. De6† Dd7** (sonst Dg4) **4. Dd7 † Kd7: 5. Se5†** nebst **Sg4:.** (S. Bild rechts oben.)

Infolge der Drohung fe3: hat Weiß keine Zeit, den Freibauern d3 zu blokkieren; er darf ihn (wegen De4!) auch nicht schlagen. Deshalb: **1. Tf4:,** doch nun entschied der Freibauer **d2!!,** und Weiß gab auf, da auf 2. Dd2: Da1†, auf 2. Dd1 aber Df4:! geschieht.

Schmahl

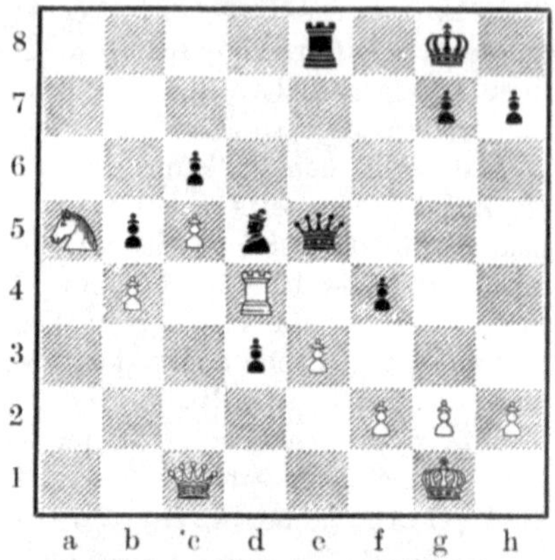

Platzek (Elberfeld 1935)

Die geschickte Führung des Freibauern ist freilich Voraussetzung für seine richtige Verwertung.

B. Koch

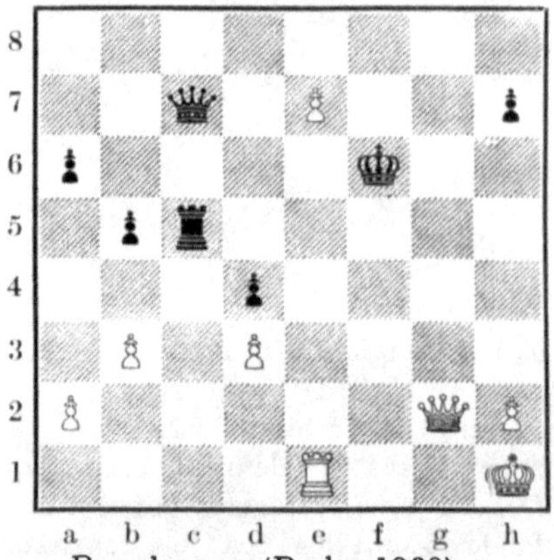

Brinckmann (Berlin 1938)

Wieder ein Freibauer, der nicht gehemmt war und nun mit e6—e7 den siegbringenden Schritt tat. Die Kombination 1. . . . . De7. 2. Te7: Tc1† usw. wird grausam durch 2. Df2†! (statt sofort Te7:) gestört. Also gab Schwarz auf? Nein, er machte — remis durch

1. .... **Te5,** weil Weiß nun im einem unbegreiflichen Anfall von Schachblindheit mit **2. Df2†??** seinen kostbarsten Besitz, den Freibauern, herschenkte: **2. .... Ke7:!** Natürlich! **3. Dh4† Ke6 4. Dg4† Kd5 5. Df3† Kd6 6. Df8† De7** mit baldigem Friedensschluß. Selbstredend hätte nach der Devise: Freibauern müssen laufen, 2. e8D! (auf 1. .... Te5) spielend gewonnen, da sie (die zweite Dame) ihn (den Turm) und er sie deckt.

Die Entstehung des Freibauern

Daß ein so wichtiger Machtfaktor, wie ihn der Freibauer darstellt, auf alle erdenkliche Art geschaffen werden kann, ist wohl klar.

Tolusch

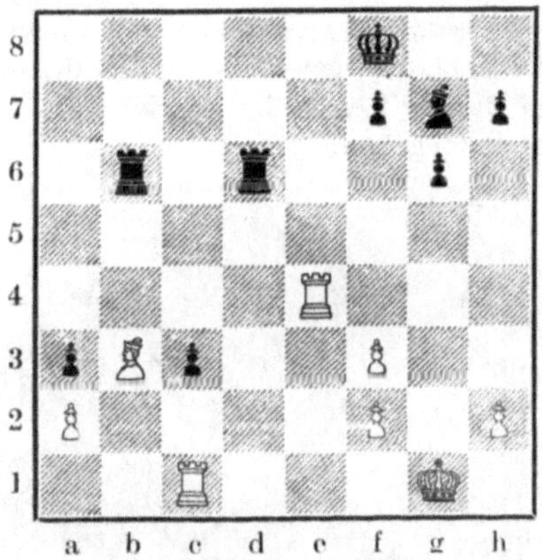

Flohr (Moskau 1946)

Der eine Freibauer c3 ist gehemmt und kommt im Augenblick nicht weiter; aber mit **1. .... Tb3:! 2. ab3: a2** schuf sich Schwarz einen zweiten Freibauern. Vereint wirkt nunmehr dieses Paar .... **3. Kg2.** Falls 3. Ta4, so ebenfalls c2 mit der Drohung Td1†. **3. .... c2! 4. Tc2:.** Sieht noch ganz freundlich aus, da ja außer Ta2: auch Tc8† droht. **4. .... Lb2!** Jedoch dieser feine „Zwischenzug" rettet den Freibauern und deckt das Matt. Weiß gab auf.

N. N.

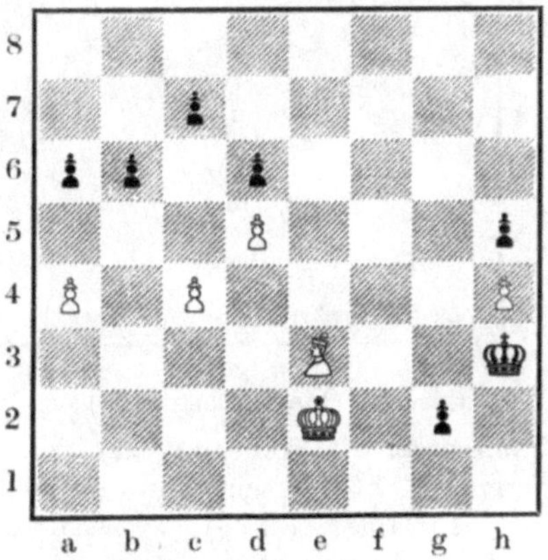

Mieses (Barmen 1919)

Weiß hat eine Figur gegen zwei Bauern und gewinnt, indem er sich mit einem lehrreichen Durchbruch den entscheidenden Freibauern besorgt. **1. Kf3 Kh4:.** Bei Kh2 **2.** Kf4! g1D **3.** Lg1‡Kg1: **4.** Kg5 siegt Weiß leicht durch Eroberung von h5. **2. Kg2: Kg4.** a5 hätte wohl die folgende Kombination verhindert, allein dann hätte Weiß mit **3.** Kf3 Kh3 **4.** Lg5 nebst Ld8 usw. gewonnen. **3. Lb6:! cb6: 4. a5! ba5: 5. c5! dc5: 6. d6!,** und S. M. der Freibauer siegt. Instruktiv und beispielgebend für manches ähnliche Endspiel.

Wir erinnern uns an die vorhin geschilderte Bauernkette. Hier hat Weiß eine solche mit einem Vordermann auf h6; für Schwarz ist daher äußerste Vorsicht geboten. Diese ließ Wood jedoch mit seinem letzten Zuge Sc8—a7? (statt etwa Sc8—e7! nebst evtl. Se7—d5) außer acht. Jetzt erzwang Weiß mit einem prächtigen doppelten

B. H. Wood

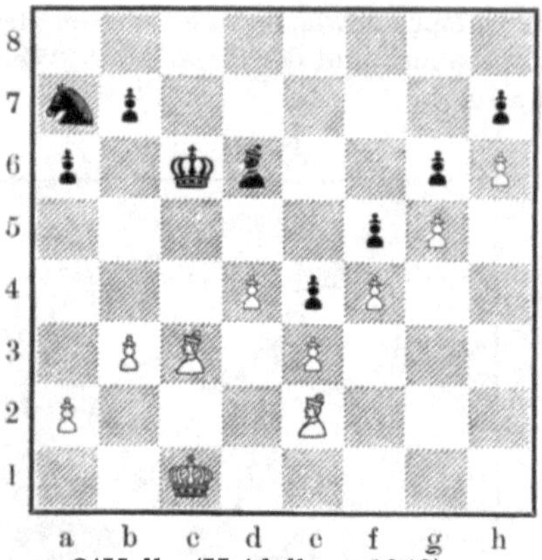

O'Kelly (Heidelberg 1949)

Läuferopfer die Freilegung des „Vordermanns" h6 und seine Umwandlung in eine Dame: **1. Lh5!** (Typisch für solche Stellungen. Bei gh5: 2. g6 ist die Umwandlung eines Bauern bereits gesichert.) **1. . . . . Lf8.** (Um auf 2. Lg6: hg6: 3. h7 mit Lg7! zu verteidigen.) **2. Lg6:! hg6: 3. Lb4!** Die eigentliche Pointe: die Ablenkung des Schutzläufers. Schwarz versuchte noch, mit **3. . . . . Lb4: 4. h7** usw. mit seinen zwei

Romanowski

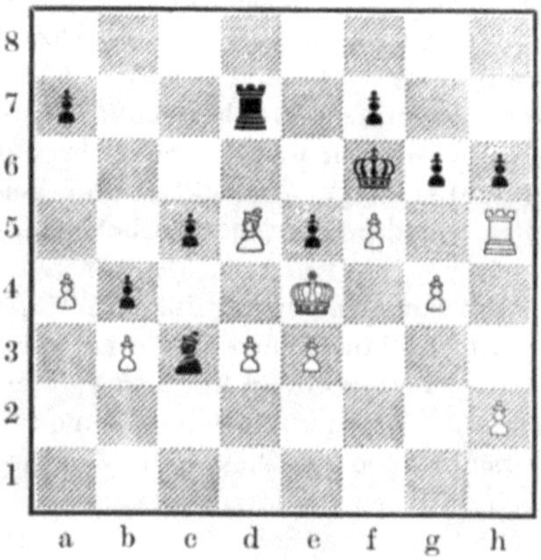

Réti (Moskau 1926)

Läufern gegen die neue Dame zu spielen, gab aber kurz darauf den auf die Dauer doch aussichtslosen Kampf auf. (S. Bild links unten.)

Weiß, in Raum- und Positionsvorteil, ist nach **1. Th6: Kg5 2. Th7 Kg4:** gleichwohl in scheinbar schwieriger Lage; denn ihm droht gf5:+, auf fg6: jedoch folgt f5+! Aber wieder bringt ein Freibauer nicht nur Rettung, sondern sogar Sieg: **3. Le6! fe6:.** Sehr effektvoll, wie in dem ganzen Endspiel, ist Geburt und Vormarsch des Freibauern auch bei 3. . . . . Tc7 4. Tf7: Tf7: 5. fg6+! usw. **4. fg6:!.** Ein schrecklicher Reinfall wäre **4.** Td7:? gf5:+. **4. . . . . Td8 5. Ta7:.** Der zweite Freibauer; einer allein wäre zu schwach. **5. . . . . Kg5 6. g7 Kh6 7. a5 Kh7 8. a6 Td6 9. h4.** Halt! Da hätten wir bald vergessen, daß so ganz nebenbei auch der Bh2 „frei" geworden ist. Der dritte im Bunde! **9. . . . . Le1 10. h5 Lh4 11. h6** Aufgegeben.

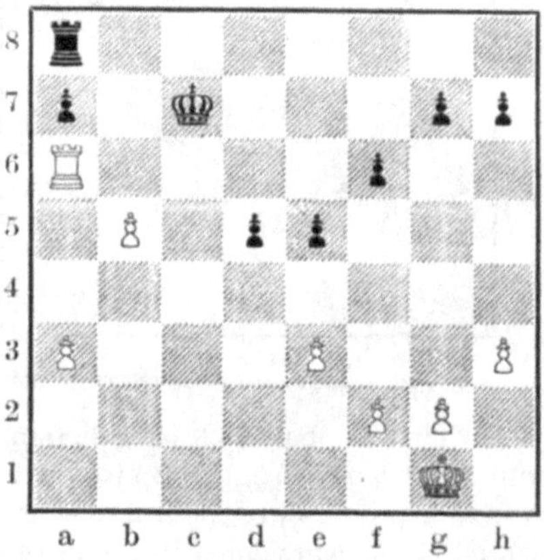

Bei der Überlenkung vom Mittelspiel oder einer Endspielart mit Figuren in das reine Bauernendspiel prüfe man sehr genau die neu entstehende Lage. Oft genug mündet

z. B. ein günstig stehendes Turmendspiel nach Abtausch der Türme in ein verlorenes Bauernendspiel.

Weiß steht hier infolge der aktiven Stellung seines Turmes (gegenüber der kläglichen Lage seines schwarzen Kollegen!) sehr aussichtsreich; Schwarz wird doch einmal Kb7 ziehen und damit nach Td6 einen Bauern verlieren müssen. Der richtige Plan für Weiß wäre Annäherung seines Königs; in fast jeder Endspielart ist das Eingreifen des Königs oberstes Gebot! Weiß lenkte aber mit **1. b6†?** **Kb7 2. Ta7+?** (besser Ta5) **Ta7: 3. ba7: Ka7:** in ein sofort verlorenes Bauernendspiel über, in dem der Freibauer a3 wertlos ist, weil der schwarze König ihn in aller Ruhe abholt.

H. Müller

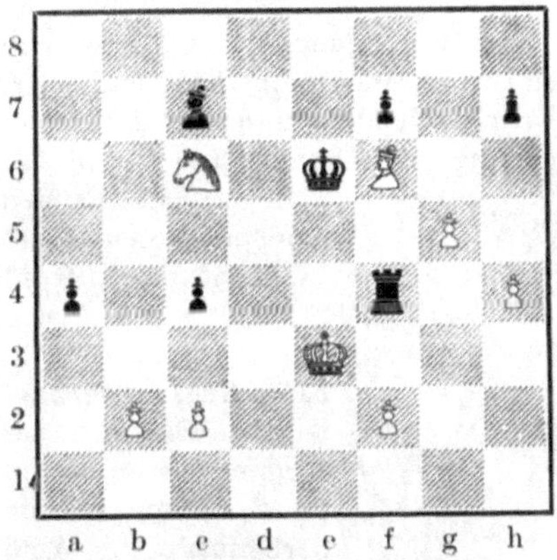

K. Richter (Stuttgart 1939)

Könnte Weiß mit **1. Sd8†** einen zweiten Bauern für die verlorene Qualität erobern, so wäre seine Zukunft ganz freundlich. Allein Schwarz lenkt zwangsläufig in ein Bauernendspiel über, in welchem ein Freibauer sofort entscheidet. **1. .... Ld8:! 2. Kf4: Lf6: 3. gf6: c3! 4. bc3: a3,** und gewinnt. Der Schachfreund beachte, daß beim Stande des weißen Bc2 auf c3 die Kombination nicht möglich gewesen wäre.

Haben wir erst einmal das Bauernendspiel erreicht und die Aussicht auf einen Freibauern bekommen, dann dürfen wir ihn nicht zu schnell das Licht der Welt erblicken lassen wollen, besonders wenn unser König abseits steht. Hier würde der Versuch, mit **1. b3** durch Abtausch die feindlichen Bauern zu beseitigen und einen Freibauern zu schaffen, mit dem Durchbruch **1. .... b4!! 2. ab4: a3** beantwortet werden, der Schwarz den Sieg bringt. Denken wir uns alle Bauern um eine Reihe nach oben verschoben, so würden nun bei gleichem Spielverlauf beide Teile eine Dame bekommen.

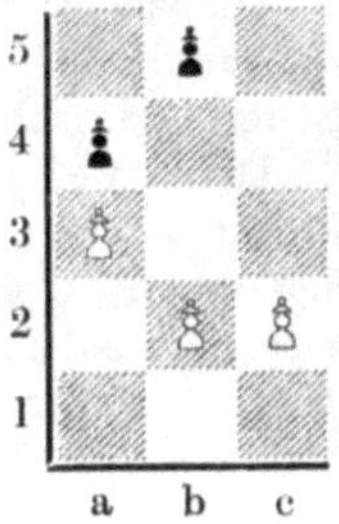

Der Bauerndurchbruch ist eine typische Kampfart des Bauern und auch im Mittelspiel verwendbar; ihm sei daher noch ein Beispiel gewidmet.

Weil die weißen Bauern schon so weit vorgerückt sind, gewinnt folgender Durchbruch: **1. b6! ab6: 2. c6! bc6: 3. a6,** bzw. **1. .... cb6: 2. a6! ba6: 3. c6.** Freie Bahn dem Tüchtigen! — Wie würde Schwarz, wäre er in der abgebildeten Stellung am Zuge, den Bauerndurchbruch verhindern können? (Auf die gleiche Art durchzubrechen wie Weiß ist ihm verwehrt, da seine Bauern zu weit zurückstehen.)

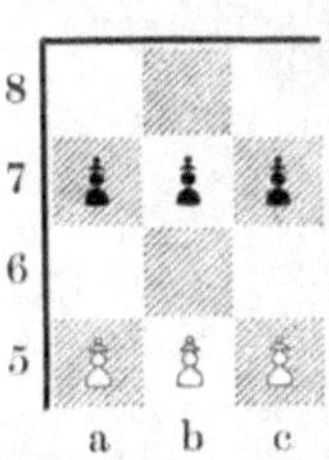

Nur mit **1. . . . . b7—b6!** kann Schwarz das Unheil abwenden, weder 1 . . a6 (2. c6!) noch 1. . . . . c6 (2. a6!) sind ausreichend. Selbstverständlich können solche Bauerndurchbrüche auch in Figurenendspielen eine ausschlaggebende Rolle spielen Wir wollen auch dies noch durch ein Beispiel belegen.

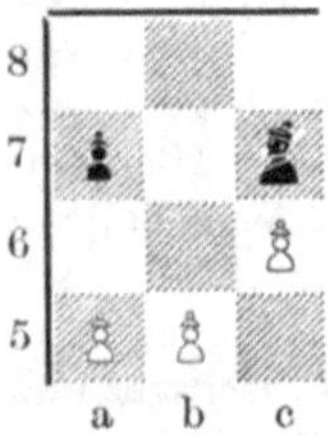

Mit **1. b6! ab6: 2. a6!** sichert sich Weiß die Umwandlung eines Bauern, da nach **2. . . . . Lb8** entweder **3. a7** oder **3. c7** geschehen kann Bei all diesen kleinen Beispielen haben wir vorausgesetzt, daß der schwarze König nicht zur Hilfeleistung in der Nähe ist.

Gedeckte und verbundene Freibauern

Ein gedeckter Freibauer (durch einen Bauern eigener Farbe gedeckt) ist ein starker Trumpf, er genügt mitunter schon zum Siege.

Schwarz hat einen gedeckten Freibauern, der den weißen König bindet

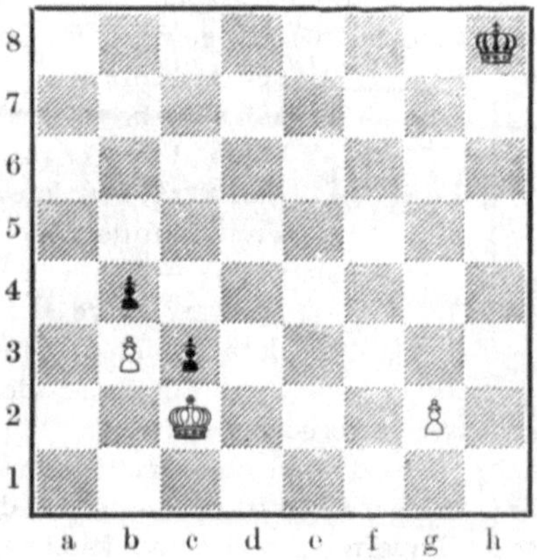

Dieser darf ja auch nie den Bb4 abholen, weil dann der Freibauer durchgeht. Ohnmächtig muß Weiß zusehen, wie der schwarze König seinen Bg2 kassiert und dann leicht gewinnt.

Manchmal gelingt es aber, den gedeckten Freibauern zu sprengen, und diese Gelegenheit sollte stets sogleich ausgenutzt werden

Wir konnten beobachten, daß Weiß mit 1. Ke3 Ke5 2. Kf2? Ke4 usw langsam aber sicher verlor. Dabei hätte er mit **1. (oder 2.) h3! gh3: 2. Kf3:** den gedeckten Freibauern sprengen und ein leichtes Remis haben konnen!

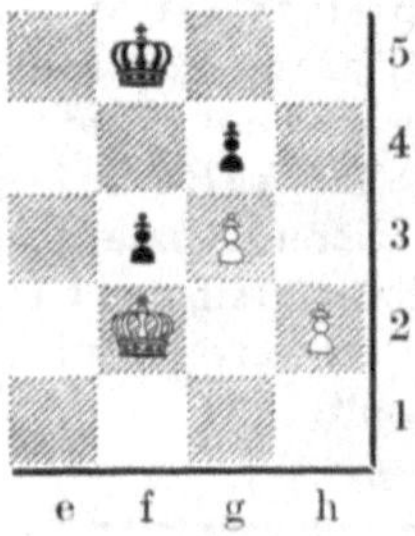

Zum Sprengungsthema gibt es noch einen weiteren typischen Fall, der, wenn auch nicht unmittelbar hierher gehörig, Erwähnung finden soll. In dem nebenstehenden Endspiel darf Weiß nicht hastig **1. Kc4?** ziehen, weil Schwarz mit **1. . . . . d5†! 2. ed5‡ Kd6!** die verbundenen Bauern des Gegners sprengt und eine Remisposition herbeiführt. Weiß kann den Bd5 nicht behaupten.

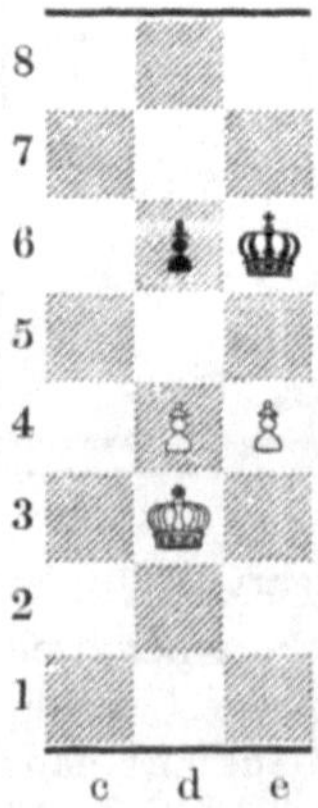

Richtig ist das verzögernde Vorgehen 1. Kc3! Kf6 2. Kc4 mit schließlichem Gewinn. Spielt Schwarz auf 1 Kc3 auch d5, so schafft sich Weiß mit 2. e5 einen gedeckten Freibauern und siegt leicht —

Der gedeckte Freibauer verstärkt sich noch, wenn der deckende Bauer auch „frei" ist — wir haben dann die „verbundenen Freibauern" vor uns. Sie zu schaffen, lohnen sich oft überraschende Figurenopfer.

Michel

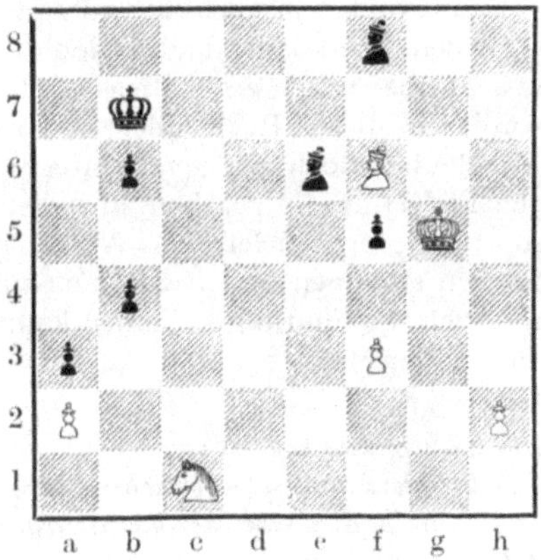

Szily (Karlsbad 1939)

Mit **1. .... La2:! 2. Sa2: b3** gab Schwarz zwar einen Läufer her, tauschte dafür jedoch die Kraft zweier verbundener Freibauern ein. **3. Kf5:.** Nun hat Weiß auch zwei Freibauern, aber erstens sind sie voneinander getrennt und zweitens noch weit zurück. **3. .... Lb4!!** Sehr schön. Sofort **3.** .... b2 gewinnt nicht wegen **4.** Lb2: ab2: **5.** Sc3! usw.; jetzt aber entscheidet b2! in jedem Falle. (Freilich genügt auch **3.** .... ba2: **4.** Ke4 Kc6 usw. auf die Dauer; der Textzug ist jedoch der kürzeste und klarste Weg.)

Die verbundenen Freibauern müssen beweglich bleiben; man lasse sie sich nicht blockieren!

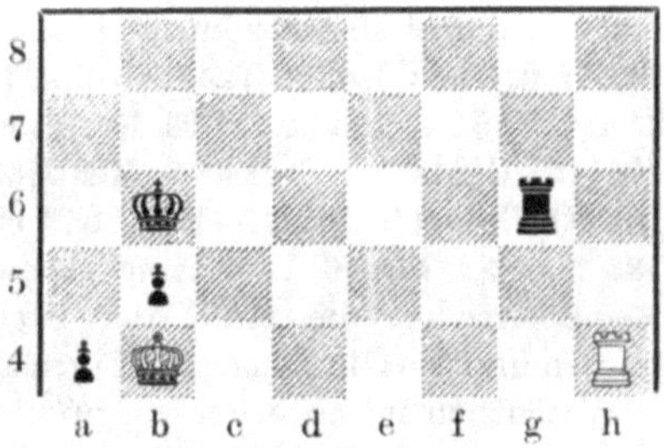

Fehlerhaftes Spiel von Schwarz!

Die Stellung findet sich schon im Bilguer. Weiß hält das Spiel unentschieden; er bleibt mit seinem Turm solange auf der vierten Reihe, bis der schwarze Turm die sechste verläßt. Dann aber folgt Turmschach nebst Kb4×b5 und leichtem Remis.

Nimzowitsch

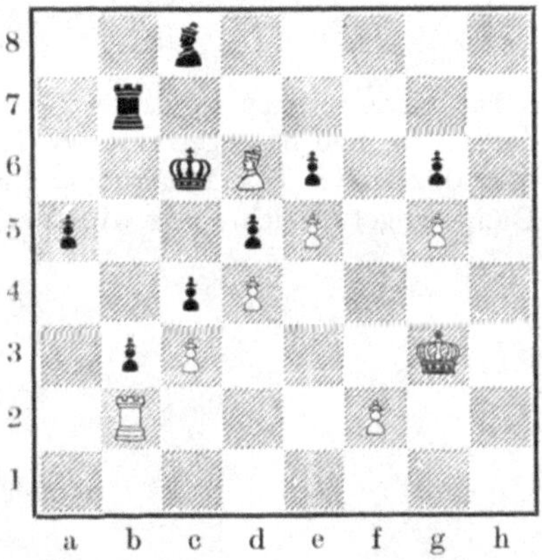

Kmoch (Niendorf 1927)

Wenn aber Gelegenheit besteht, die feindlichen Freibauern zu blockieren, so soll man sie unverzüglich wahrnehmen!

Hier hatte Weiß den „Blockadezug" Ld6—a3! versäumt, so daß Schwarz sich mit einem prächtigen Turmopfer vier (!) verbundene Freibauern schaffen und damit siegen konnte: **1. . . . . Tb4!! 2. cb4:** (sonst Ta4 usw.) **a4!! 3. b5† Kb5: 4. La3 c3 5. Tb1 Kc4 6. f4 Kd4: 7. Kf2 Kc4 8. Ke1 d4 9. Ke2 Kd5 10. Kf3 Lb7 11. Tc1 Kc4† 12. Kf2 b2 13. f5 ef5: 14. e6 Lc6.** Aufgegeben. Bemerkenswert die Kraft der Freibauern und die Ohnmacht des Turmes.

Wesentlich ist noch der Begriff des „entfernten Freibauern", der kurz an einem Beispiel erläutert sei.

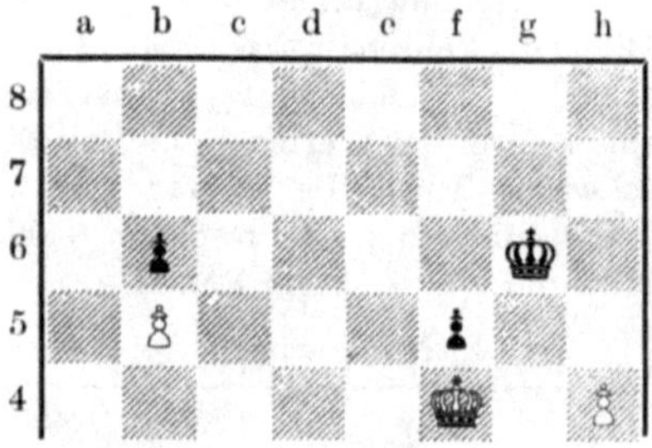

Die beiderseitigen Freibauern werden fallen, und dann gewinnt der König, der zuerst das Bauernpaar am Damenflügel erreicht. Das wird nach Lage der Dinge der weiße König sein, weil sein Freibauer h4 weiter entfernt ist von dem Bauernpaar als der schwarze Bf5. Weiß hatte den entfernten Freibauern — meist ein untrügliches Gewinnmerkmal. (Er beginnt mit 1. h5† Kh5: 2. Kf5: und läuft dann zum Damenflügel.)

Damit wollen wir das Bauernkapitel schließen. Wir können und wollen dieses Thema nicht erschöpfen — das würde ein dickes Buch füllen —, aber wir glauben doch genügend Anregungen und Hinweise gegeben zu haben, so daß jeder Spieler den Wert der Bauern erkennen und Richtlinien für ihre richtige Führung gewinnen kann. Im übrigen:

Der Bauer, dies beachte nur,
Scheint klein und schwächlicher Statur.
Doch täuscht dies sehr; der kleine Mann
Ist wirklich einer, der was kann.
Und wenn wir seh'n, was er so schafft,
Bewundern still wir seine Kraft!

II. Weggestalter: die Figuren

Die Bauern bereiten den Weg; an den Figuren ist es nun, ihn richtig zu nutzen. Je mehr die Bauern ineinander geschachtelt sind, um so weniger Möglichkeiten bieten sich den Figuren; je mehr Bauern getauscht sind, um so freier wird das Brett, um so größeren Spielraum finden die Figuren.

Der Tauschwert der Figuren

Bevor er mit seinen Figuren in den Kampf zieht, muß der Lernende wissen, wie es um ihren Tauschwert bestellt ist. Den Wert der Figuren richtig einschätzen zu können, ist eine entscheidende Vorbedingung für das Spielen überhaupt.

Vorausschicken wollen wir noch einige Bemerkungen über die Tauschtechnik.

Wir sahen kürzlich zwei Anfängern zu. Der eine besetzte einen vom Gegner zweifach verteidigten Punkt, obwohl er ihn ebenfalls nur mit zwei Figuren beherrschte, und war sehr erstaunt, als er dabei einen Turm einbüßte. Er hatte einen ganz einfachen Merksatz vergessen: Einen vom Gegner verteidigten Punkt darf man nur dann besetzen, wenn man ihn mit einer Figur mehr beherrscht. Eine elementare Regel! Weiter: will man einen vom Gegner verteidigten Punkt erstürmen, so ist es im allgemeinen richtig, die stärkste Figur als Schlußstein und nicht etwa als Vordermann zu haben.

Der Lh3 ist zweimal angegriffen und zweimal gedeckt. Mit **1. .... Dh8!** greift ihn Schwarz zum dritten Male

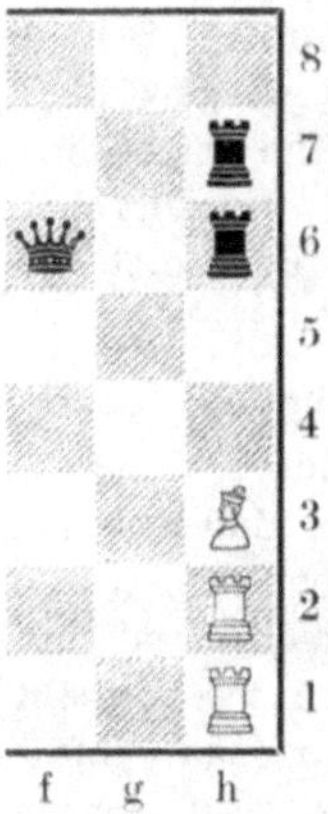

an; schlecht wäre es, den dritten Angriff von h4 aus zu führen (1. .... Dh4?), denn bei dem späteren Schlagen auf h3 würde Schwarz wohl den Läufer gewinnen, aber dabei die Dame einbüßen — und das wäre doch ein schlechter Tausch, nicht wahr?

Wir sollen im Schach nicht tauschen um des Tausches willen, nicht vereinfachen aus Scheu vor dem Mittelspiel. Aber dieses Prinzip darf nicht übersteigert werden.

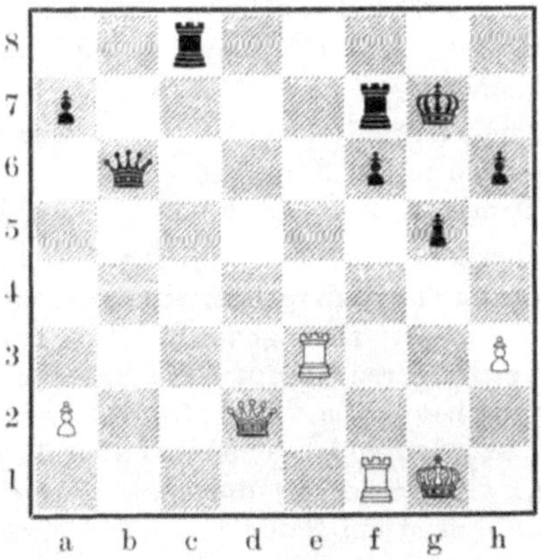

Schwarz konnte hier durch Ausnützung der Fesselung des Te3 mit **1. .... Te8 2. Tfe1 Tfe7 3. Kf2 Te3:!** usw. sämtliche schweren Figuren auf e3 tauschen und ein leicht gewonnenes Bauernendspiel haben. Auf diese Möglichkeit aufmerksam gemacht, meinte er entrüstet. „Nein, das macht mir keinen Spaß!" (Er spielte gern mit der Dame!) Ja, das ist natürlich etwas anderes! Wenn wir aber Schach spielen, um eine Partie zu gewinnen, dann dürfen wir uns eine solche einfache und klare Chance nicht entgehen lassen! „Spaß" macht uns solch ein Gewinn ja auch!

Die Bauernrechnung

Wir konnten beim Zusehen oft die Wahrnehmung machen, daß bei den Lernenden über den Wert der Figuren große Unklarheit herrscht und ungünstige Abtauschwendungen nicht nur zugelassen, sondern sogar gefördert werden. Besonders gern werden zwei leichte Figuren für einen Turm hergegeben, obwohl der Gegner dabei materiell in Vorteil kommt (denn zwei leichte Figuren sind mehr wert als ein Turm). Wiederholen wir einmal die Grundwerte, mit dem Bauern als Einheit:

eine leichte Figur	= 3	Bauern
ein Turm	= 5	„
Dame .	= 9 bis 10	„

Dies gibt uns einen Anhaltspunkt für die Partie. Rein rechnerisch betrachtet müßte es also genügen, für zwei Leichtfiguren Turm + Bauer einzutauschen. Die Kampfkraft zweier Leichtfiguren ist gemeinhin aber doch so viel größer als die eines Turmes, daß meist ein Bauer kein genügendes Äquivalent bietet. Die Praxis sieht deshalb Turm + zwei Bauern = zwei Leichtfiguren als die im allgemeinen richtige Gleichung an

Ähnliche Unsicherheit herrscht bei der Hergabe der Dame. Welches Material mindestens muß dafür eingetauscht werden? Die Erfahrung lehrt, daß die Dame etwa gleich Turm + Leichtfigur + Bauer ist. Drei Leichtfiguren können mitunter etwas stärker sein als eine Dame, ebenso zwei Türme, doch kommt es dabei (wie überhaupt!) sehr auf alle übrigen Umstände an.

Zum Glück ist Schach kein Spiel, das mathematischen Gesetzen gehorcht und sich in Formeln und Gleichungen berechnen läßt. Die Gesamtstellung aller Figuren spielt hier die entscheidende Rolle, und da ist es möglich, daß die Dame mitunter weniger nützlich ist als ein Springer Dann versagen alle unsere schönen „Bauernrechnungen" Aber Anhaltspunkte geben sie dem Lernenden, und er mag sich vorerst nur danach richten!

Die Qualität

Wenn wir einen Turm hergeben müssen und dafür nur eine Leichtfigur des Gegners bekommen, so haben wir die Qualität verloren und eine immerhin ins Gewicht fallende materielle Einbuße erlitten. Weshalb ist der Turm stärker als etwa der Läufer? Er kann ganz nach seinem Belieben jedes Feld des Brettes erreichen, der Läufer dagegen ist ständig an seine Farbe gebunden. Im Endspiel ohne Bauern wird dieses Übergewicht freilich meist nicht zum Siege ausreichen Der Turm hat auch eine weit größere Beweglichkeit als der Springer. Einige auf die einfachste Form gebrachten Beispiele sollen dies erläutern.

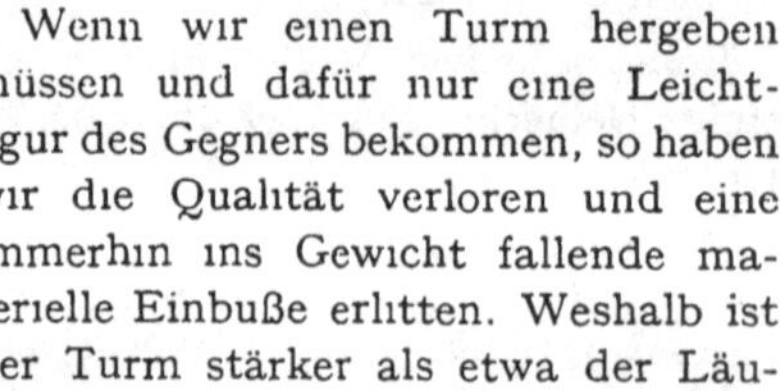

Weiß gewinnt, da er nach **1. Tc8† Lf8** durch einen Tempozug des Turmes auf der 8. Reihe (z. B. Ta8) Schwarz zu Kh8 zwingt und dann den Läufer mit Matt schlägt.

Remis, da Weiß nach **1. Tc1† Lg1** mit einem Tempozug des Turmes den Gegner pattsetzen würde. Hieraus erhellt, daß der verteidigende König diejenige Ecke aufsuchen muß, die nicht von der Farbe seines Läufers ist. In den weitaus meisten Fällen wird dies möglich sein, so daß das Übergewicht der Qualität dann nicht zum Siege ausreicht.

Mehr Gewinnaussichten hat der Turm gegen den Springer, doch ist auch hier der Remisausgang das Wahrscheinliche.

J. Berger

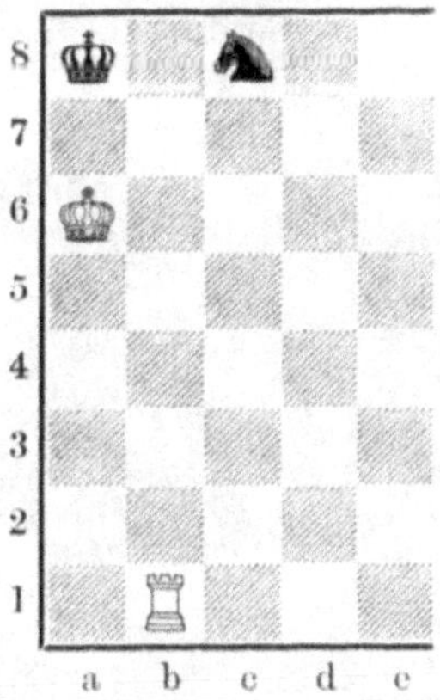

Hier verliert **1. . . . . Sa7?**; **1. . . . . Sc7!** dagegen macht remis. Z. B. **1. . . . . Sa7? 2. Kb6 Kb8** (Sc8† 3. Kc7 Sa7 4. Tb8‡) **3. Tb2 (oder Tb3) Sc8† 4. Kc6† K bel. 5. Kc7,** und gewinnt.

Zieht Schwarz aber **1. . . . . Sc7!,** so kann er nach **2. Kb6 Kb8 3. Tb2** mit dem König nach c8 flüchten. Die Partie bleibt dann remis.

Diese Beispiele, eingehend studiert, geben alles in allem einen Begriff von der Überlegenheit des Turmes über eine leichte Figur. Sind beiderseits noch Bauern in gleicher Zahl vorhanden, so muß der Turm fast immer gewinnen. Es gibt aber, besonders im Mittelspiel, Situationen, wo das Übergewicht der Qualität durch andere Momente ausgeglichen und vielleicht sogar übertrumpft wird. Sei es, daß für die Qualität ein unangreifbar postierter und stark wirkender Springer Ausgleich schafft; sei es, daß die unter Qualitätsopfer herbeigeführte Beseitigung eines feindlichen Läufers einen starken Angriff einbringt, und so fort. Für den letzteren, gar nicht seltenen Fall ein Beispiel:

Froh

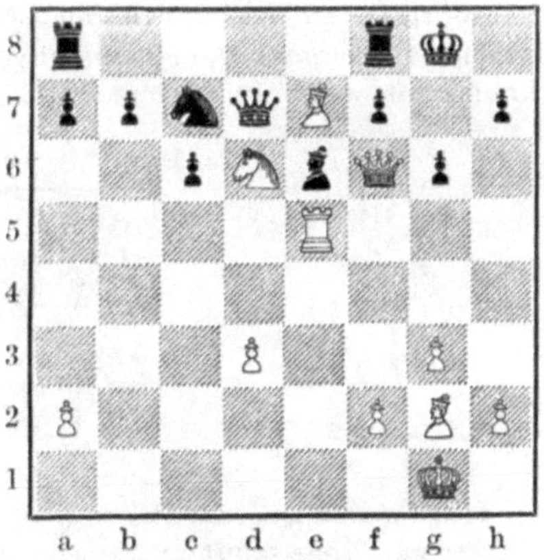

W. Meyer (Hamburg 1936)

Weiß hatte seinen einen Turm für den Lg7 hergegeben (Merkregel: Laß dir den auf der Königsseite fianchettierten Läufer möglichst nicht abtauschen, selbst nicht um den Preis eines Materialgewinns!) und sich dann mit einem ganzen Armeekorps auf den schwarzen Feldern des Gegners niedergelassen. Mit **1. Th5! Se8** (gh5 Dg5† nebst Lf6‡) **2. Se8:** beendete er die Partie sehr kräftig. Schwarz gab auf, da er nach Tfe8 mit 3. Th7! Kh7: 4. Dh4† nebst 5. Lf6 unweigerlich mattgesetzt wird. „Froh war betrübt, aber wer war froher als Meyer", bemerkte hierzu seinerzeit der allzeit humorvolle Altmeister Krüger.

Eine alte Streitfrage: Springer oder Läufer

Soll ich einen Läufer gegen einen Springer tauschen? Möglichst nicht, sagt die Erfahrung, denn der Läufer ist besser. So allgemein ausgesprochen, ist diese Regel wie so viele andere im Schach nur mit Vorsicht anzuwenden. Um dieses Problem richtig anfassen zu können, machen wir uns erst einmal klar: wann ist ein Läufer gut, wann ein Springer?

I)

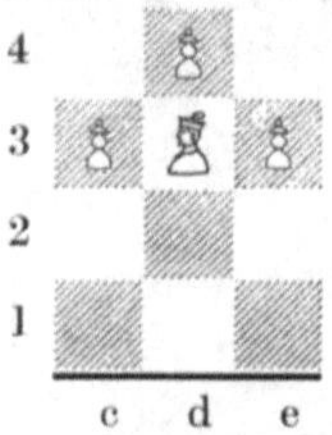

II)

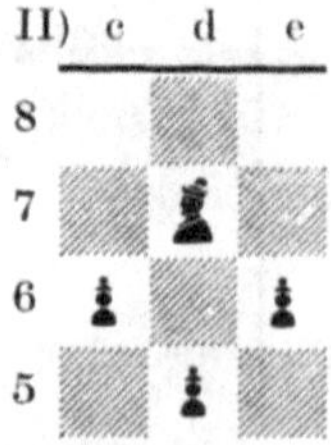

I) Hier ergänzen sich Läufer und Bauern gut; diese schützen die schwarzen, jener die weißen Felder.

II) Hier ist der Läufer schlecht; die eigenen Bauern sind ihm im Wege, die schwarzen Felder ohne Schutz.

Was folgt daraus? Daß der Läufer „laufen" muß und ihn daher die eigenen Bauern nicht behindern dürfen. Stelle also die Bauern nach Möglichkeit nicht auf Felder von der Farbe des eigenen Läufers!

Für den Springer lassen sich so einfache Merkmale wie für den Läufer nicht schaffen. Im allgemeinen kann gesagt werden: in offenen Stellungen ist der Läufer besser (weil es da viel zu „laufen" gibt!), in geschlossenen der Springer (weil ihn seine Springtechnik Felder erreichen läßt, die dem Läufer unzugänglich sind!). Das Läuferpaar ist eine furchtbare Waffe, da es beide Felderfarben des Schachbretts beherrscht; das Springerpaar ist ihm meist nicht gewachsen.

Die Praxis mag zu diesem Thema noch das Wort haben.

Najdorf

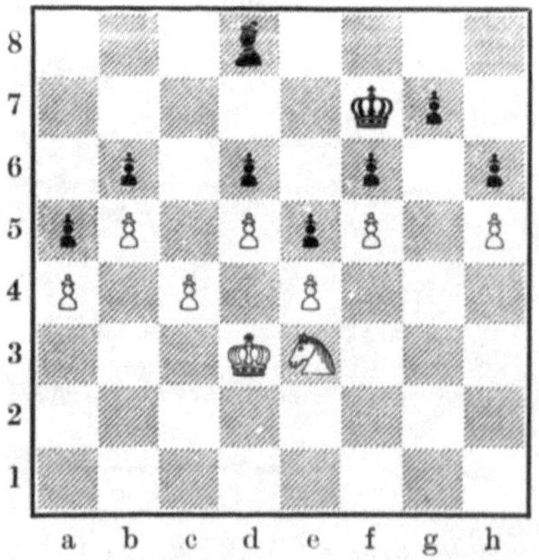

Keres (Margate 1939)

Ein stolzer Springer – und ein armer Läufer, der jeweils nur einen Schritt tun kann (überall stehen ihm die eigenen Bauern im Wege!). Aber die Stellung scheint hoffnungslos blokkiert? Eine Durchbruchsmöglichkeit hat Weiß, und sie verschafft seinem Springer die entscheidende Beweglichkeit: **1. c5!! bc5:.** Oder dc5: **2.** d6! Kf8 **3.** Kc4 Ke8 **4.** Kd5 Kd7 **5.** Sc4 Ke8 **6.** Ke6 Kf8 **7.** Kd7 usw. Schlägt Schwarz nicht, so folgt 2. cb6: Lb6: **3.** Sc4 Lc7 **4.** b6 Lb8 **5.** Sa5: usw. **2. Sc4 Ke7 3. b6 Kd7 4. b7,** und Schwarz gab auf, denn sowohl auf Lc7 als Kc7 gewinnt 5. Sa5:. (Stünde in der Anfangsstellung der Bg7 auf c5, so würde dem Springer all' seine Überlegenheit in dieser Stellung nichts nutzen: er fände kein Einbruchsfeld!)

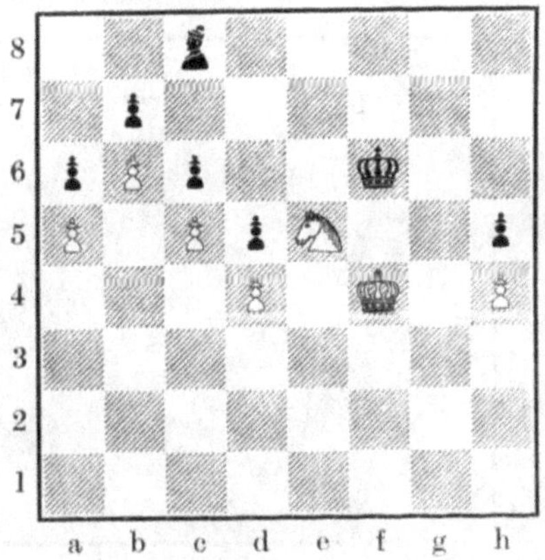

(Nach einer Partie Schlechter-Walbrodt, Wien 1898)

Falsche Strategie von Schwarz: alle Bauern auf der Farbe des Läufers! Der Springer ist hochüberlegen. Schwarz, am Zuge, ist rettungslos verloren; zieht der Läufer, entscheidet Sc6:! (bc6: b7), zieht der König, so folgt Kg5 mit technisch leichtem Gewinn.

Was für ein anderes Bild jedoch zeigt die folgende Stellung! Hier hat der Läufer lohnende Angriffsziele, da fast alle weißen Bauern auf seiner Farbe stehen. Der Springer ist reine Defensivfigur.

Teichmann

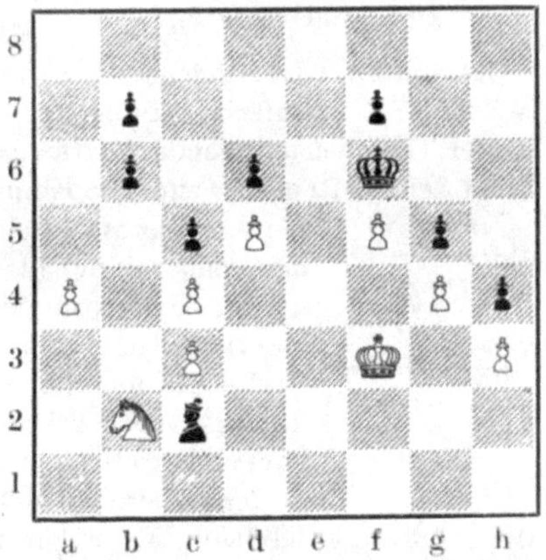

Maróczy (Nürnberg 1896)

Schwarz konnte wie folgt entscheiden: **1. . . . . Ke5 2. Ke3 Le4 3. Sd1** (bei Kf2 folgt Kf4!, und der schwarze König dringt später weiter über e4 vor.) **3. . . . . Lg2 4. Sf2 Lf1 5. Se4** (dies ist noch der einzige Versuch) **Lc4: 6. Sg5: Ld5:.** Schwarz gewinnt, wie, wird lehrreich zu probieren sein.

Die Bauernstellung gibt also Anhaltspunkte, ob man lieber den Läufer oder den Springer behalten soll. Sie mag uns bei Tauschabsichten leiten.

Bei jedem Tausch sei auf der Hut,
Mal ist er schlecht, mal ist er gut.
Und willst den Gegner du besiegen,
So laß dich nicht beim Tausch betrügen.

Figuren im Kampfe

Wie aus dem bisher Gesagten wohl hervorgeht, ist der Angriffs- und Verteidigungswert der Figuren durch die Gesamtstellung bedingt. In Anbetracht der Wichtigkeit dieses Themas soll ihm ein besonderer Abschnitt gewidmet werden.

Die „schrägen" Figuren

Betrachten wir zunächst den einfachsten Fall. Läufer und Bauer gegen Läufer. Die verteidigende Partei erreicht leicht Remis, wenn ihr König ein sicheres Feld der Bauernlinie (das ist ein Feld von der entgegengesetzten Farbe des feindlichen Läufers) vor dem Freibauern betreten kann.

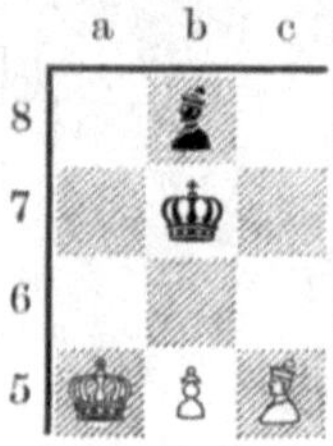

Remis, da es kein Mittel gibt, den Kb7 von seinem guten Felde zu vertreiben.

Hier ist der verteidigende König abgeschnitten, Schwarz gewinnt mit dem Abdrängungsmanöver **1. .... Lg1 2. Lc5 Lh2 3. Ld4 Lg3! 4. Lg1** (noch ein Versuch) **4. .... Lc1** (oder **Lf2!**) (verhindert den Abwartezug 5. Kh4) usw.

Sehr interessant sind Endspiele mit ungleichfarbigen (ungleichen) Läufern.

Es ist schon richtig, daß sie für die schwächere Partei vorteilhaft sind, weil es oft möglich ist, eine feindliche Bauernmehrheit zu blockieren oder zu hemmen. Ein einzelner Mehrbauer genügt fast nie zum Siege, aber auch zwei Mehrbauern, und sind sie selbst verbunden, haben es bei ungleichen Läufern schwer.

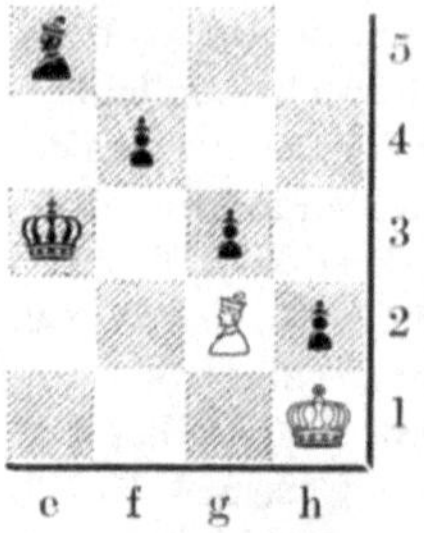

Einen äußersten Fall zeigt das nebenstehende Bild; Schwarz kann nicht gewinnen, da Weiß nach **1. .... f3 2. Lf3:! Kf3:** patt steht. Andernfalls macht Weiß auf der Diagonalen a8—h1 Tempozüge mit dem Läufer.

Die Sache ändert sich aber sofort, wenn auf beiden Flügeln Bauern vorhanden sind und Freibauern auf weit auseinander liegenden Linien entstehen.

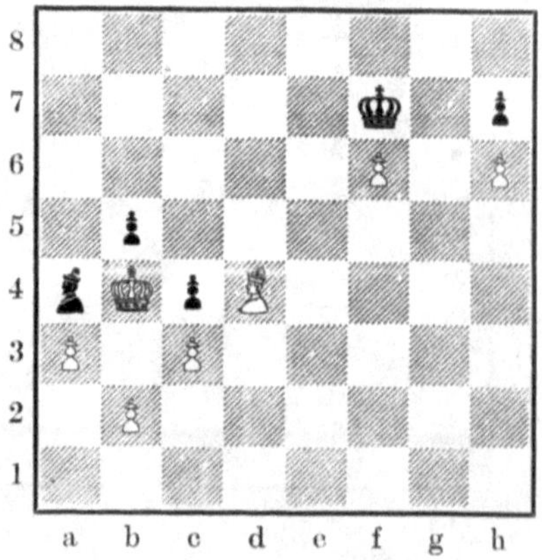

Weiß hat zwar zwei Bauern mehr, aber bei den ungleichen Läufern scheinbar keine Aussicht auf ein Weiterkommen. Mit einem lehrreichen Durchbruch schafft er sich aber einen zweiten Freibauern und gewinnt dann leicht: **1. b3! cb3:** (Lb3 2. Kb5:, und der a-Bauer macht das Rennen!) **2. c4!** nebst **3. cb5:,** da der Bb5 ja den Läufer schützen muß. Wir entnehmen daraus die Regel, daß bei zwei auseinander liegenden Freibauern der König der stärkeren Partei denjenigen Bauern unterstützt, der nur vom feindlichen Läufer bekämpft wird.

Einem Läufer darf man freiwillig keine schräge Linie öffnen.

Scholz

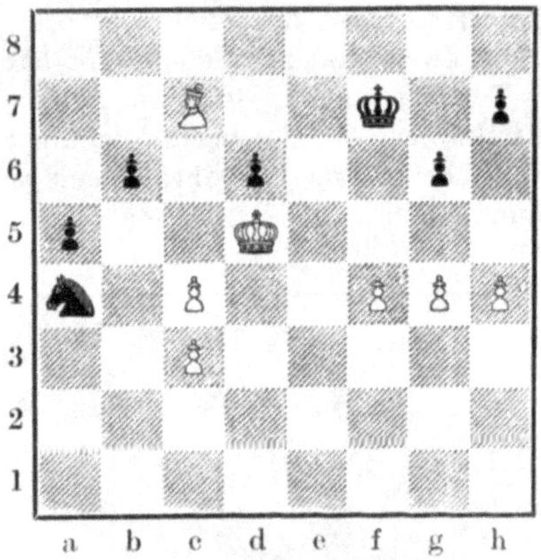

Wolf (Berlin 1939)

Der schwarze a-Bauer ist eine Großmacht; der weiße Läufer könnte ihn nur über die Diagonale a1—h8 aufhalten, und die versperrt der eigene Bauer auf c3. Mit **1. . . . . Sc5!** konnte Schwarz daher glatt gewinnen; der a-Bauer marschiert ungehindert nach a1. Was aber zog er? **1. . . . . Sc3:†??** Er beseitigt den für Weiß hinderlichen Bauern! Es folgte **2. Kd6: Sa4 3. Kc6 Sb2,** und zum Glück für Schwarz überschritt Weiß die Zeit. Nach **4. Kb5! a4 5. Lc5!** hätte sich Schwarz sehr anstrengen müssen, um die Partie nicht noch zu verlieren. (Caïssa verteilt ihre Huld offenbar je nach Laune!) —

Ein Läufer, der das Umwandlungsfeld des eigenen weit vorgerückten Freibauern bestreicht, ist ein gefährlicher Geselle!

Cala

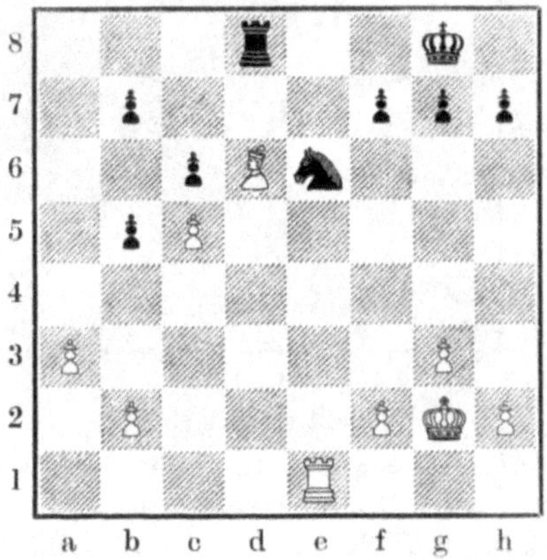

Marotti (Warschau 1937)

Nach **1. . . . . b6?** gewann Weiß mit **2. Te6:! fe6: 3. Lc7! T~ 4. cb6:,** und der Bauer erobert schließlich den schwarzen Turm. Eine typische, so oder ähnlich oft wiederkehrende Wendung!

Warum werfen wir so oft Streiflichter auf das Endspiel? Nun, der Weg zum Matt ist manchmal recht umständlich und nur über ein „langweiliges" (!?) Endspiel zu erreichen. Der Schachfreund lernt dabei zu gleicher Zeit den Wert der Figuren besser einschätzen, was ihm nur von Nutzen sein kann.

Im Mittelspiel ist der Läufer zu großen Taten fähig, besonders wenn es ihm gelingt, auf die Rochadestellung des Gegners einzuwirken.

Wenn so der Läufer in die feindliche Königsburg „hineingähnt" (Gutmayers Sprache!) wie hier, dann liegen immer Überraschungen in der

Loyd

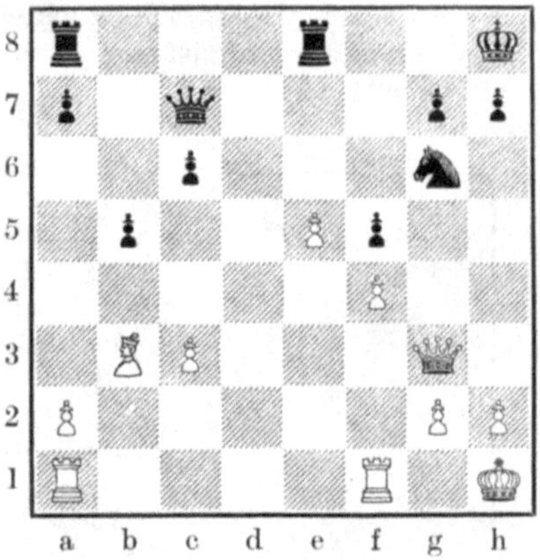

Kolisch (Paris 1867)

Luft. Die Kombination, mit der Weiß in obiger Stellung siegte, ist typisch für viele Fälle ähnlicher Art: **1. Dg6:!** **hg6: 2. Tf3!**, und gegen Th3‡ ist kein Kraut gewachsen.

Ein ganz apartes Läufermatt auf der Hauptdiagonalen a1—h8 zeigt uns das folgende Schlußspiel

A. Olsson

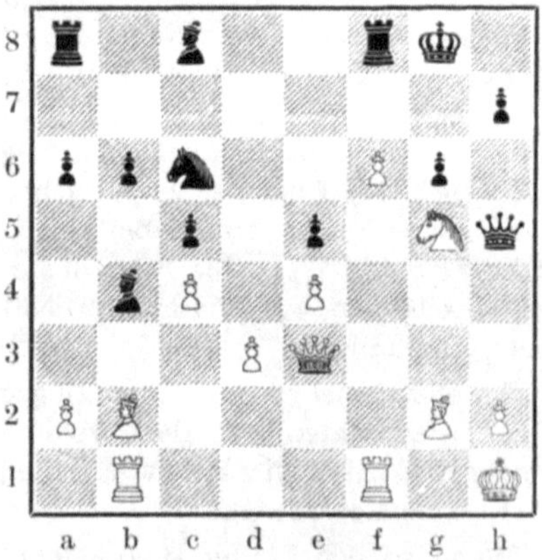

Nimzowitsch (Kopenhagen 1924)

Schwarz ist nicht dazu gekommen, die gefährliche Wirkung des Lb2 mit Sd4! zu beseitigen. Nun kann Weiß bereits mit der entscheidenden Kombination aufwarten **1. f7† Kg7 2. Df4!**. Damit droht ein interessanter Funktionswechsel zwischen Dame und Läufer, nämlich **3.** Df6† Kh6 **4.** Lc1! usw. **2. . . . . Kh6.** Um jetzt auf 3. Df6 mit Dg5! **4.** Lc1 Ld2 zu verteidigen. **3. Se6†!!.** Die glänzende Pointe **3. . . . ef4:.** Öffnet dem Läufer Tür und Tor. **4. Lg7‡.** Eine originelle Angelegenheit (Beachten wir hierbei die ausgesperrte Lage des Lb4, der seinen Kampfwert fast ganz eingebüßt hat.)

Einen besonders schönen Fall, wo der Läufer von weit her die feindliche Rochadestellung bedroht, lernen wir nun kennen

N. N.

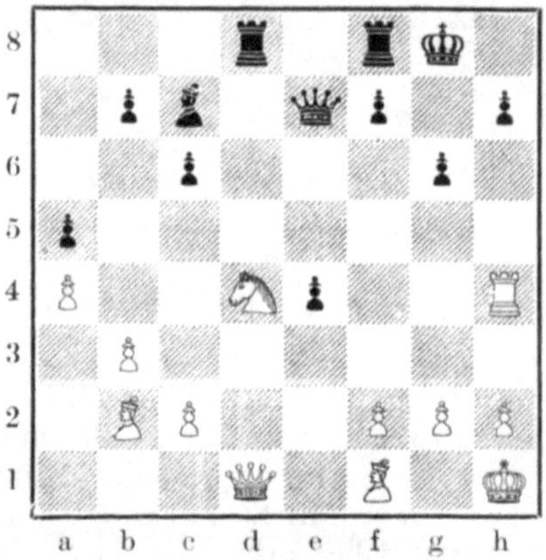

V. Vukovic (Jugoslawien 1937)

1. Sf5!. Dieser Zug ist naheliegend (1. . . . Td1 2. Se7‡; 1. . . . . gf5 2. Tg4†), aber was folgt auf **1. . . . . Dh4:?** Nun **2. Dh5!.** Ein Prachtzug, wie man ihn nur selten zu sehen bekommt. Schwarz wird matt oder verliert die Dame. Wer es nicht glaubt, prüfe es nach! (Auf 1. Sf5 Dg5 käme 2. Dc1! f6—Df5, Dh6—3. Dg5 fg5:

4. Sh6+.) Der Lb2 zieht überhaupt nicht, und doch trägt er den Hauptteil am Erfolg!

Ein gut postiertes Läuferpaar übt eine unheimliche Macht aus.

Rügamer

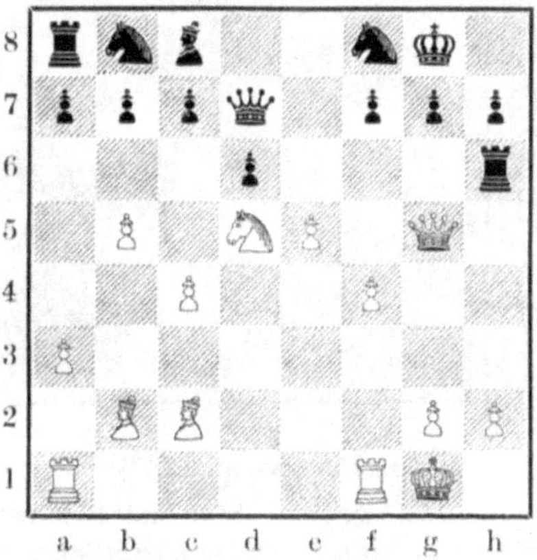

Schmitt (Stadtprozelten 1936)

Fernwirkung der beiden weißen Läufer auf idealen Diagonalen gegen den feindlichen König! Mit **1. Se7† Kh8 2. e6!** demaskierte Weiß den Lb2. Die Dame ist angegriffen, auf g7 droht Matt, und zu allem Überfluß steht auch noch der Th6 ein! **2. . . . . Se6: 3. Dh6:.** Aufgegeben, da entweder auf g7 oder h7 Matt folgt.

Der Läufer ist wichtig bei weitem Beschuß,
Doch macht er dem Gegner auch nah oft Verdruß.
Ein anderer Satz ist ebenso klar:
Was einer nicht schafft, schafft das Läuferpaar.

Galoppaden des Springers

Der Springer ist eine wundervolle Figur, voller Witz und Überraschungen. Seine Galoppaden führen oft zu prachtvollen Wendungen, aber er hat auch seine Schwächen! Im Endspiel ist er meist im Kampf gegen Freibauern recht ungeschickt.

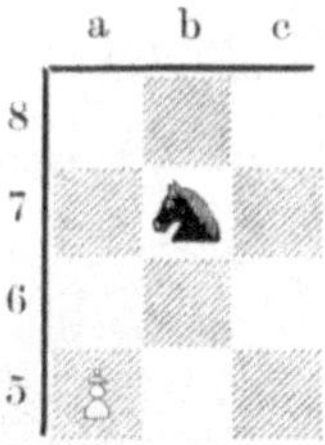

Vorausgesetzt, daß der schwarze König nicht in der Nähe ist, läuft der weiße a-Bauer nach **1. a6** ungehindert in die Dame.

Denkt man sich den Springer auf b8 und den Bauern auf a6, so gewinnt 1. a7 ganz einfach. Auf dieser Schwäche des Springers beruhen dann Wendungen wie die folgende.

N. N.

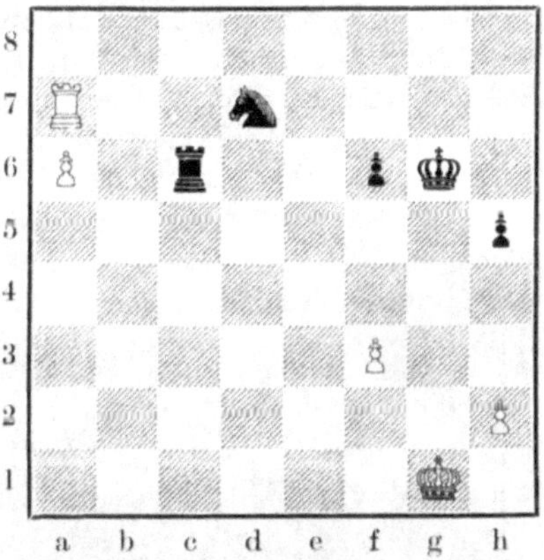

Heuäcker (Münster 1936)

Die letzte Hoffnung von Weiß, den Freibauern, konnte Schwarz mit 1. . . . . Sc5! unschädlich machen. Er griff aber den Freibauern von vorn an: **1. . . . . Sb8??** und erlebte nun eine böse Überraschung: **2. Tg7†!! Kg7: 3. a7,** und der Bauer verwandelt sich! Fast fühlt man sich versucht, zu sagen: Der Springer gehört wie der Turm im Turmendspiel (wovon noch die Rede sein wird) hinter die Freibauern, die eigenen wie die feindlichen. Hierzu noch ein typisches Beispiel.

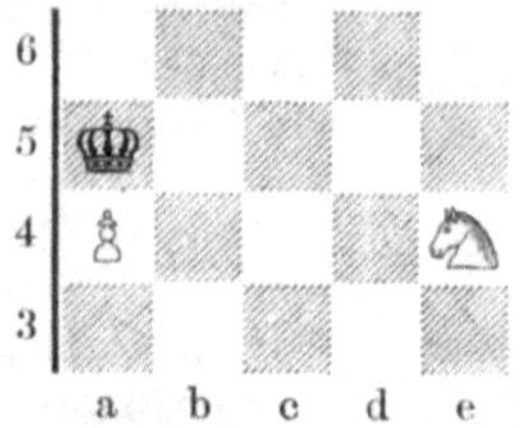

Wie soll der Springer seinen Bauern decken?

Nach **1. Sc5?** hätte Schwarz Zeit, mit **1. . . . . Kb4!** (Kb6? Sb3!) zunächst den Springer und dann den Bauern zu holen, sofern der Springer nicht sogleich den Bauern preisgibt. **1. Sc3!** dagegen sichert den Bauern vollkommen, da Schwarz keine Zeit hat, den Sc3 zu schlagen. (Der a-Bauer ginge ja zur Dame!) Weiß kann dann in Ruhe seinen König heranbringen.

Im Kampf gegen den von seinem König unterstützten Freibauern hält der Springer meist remis.

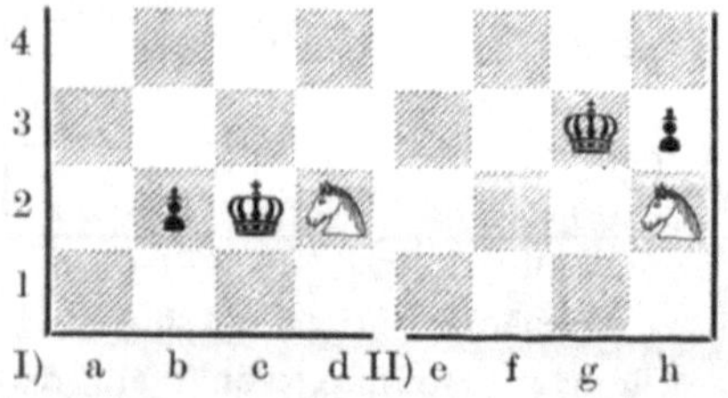

I) Schwarz gewinnt!? Keineswegs! Mit **1. Sc4! b1D 2. Sa3†** hält Weiß in bekannter Art remis.
II) Auch hier remis durch **1. Sf1† Kg2 2. Se3† Kf2 3. Sg4† Kg3 4. Se3!**, da nun **4. . . . . h2** an **5. Sf1†** scheitert.

Mitunter kann der Springer, der einen feindlichen Freibauern zu bewachen hat, dem eigenen, weit entfernten König bei der Verwertung eines Freibauern in mächtigen Sätzen zu Hilfe kommen.

Eiber

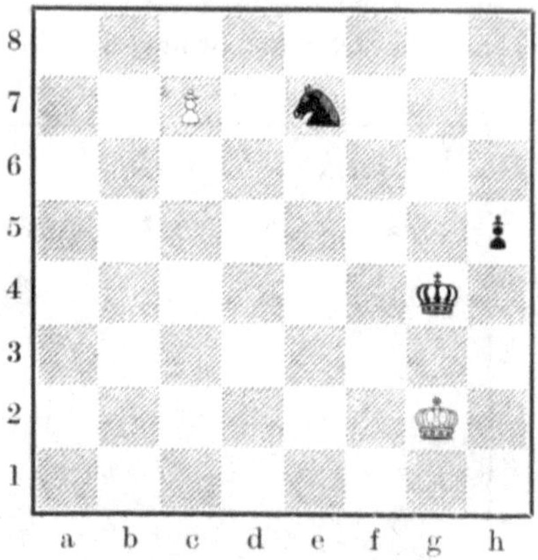

Borth (Berlin 1933)

Beide Gegner reichten sich hier versöhnt die Hände. Dabei hätte Schwarz nach **1. . . . . h4 2. Kh2 h3 3. Kg1 Kg3 4. Kh1 Sc8 5. Kg1 Sd6 6. Kh1** mit dem feinen Sprungmanöver **6. . . . . Se4! 7. c8D Sf2† 8. Kg1 h2† 9. Kf1 h1D† 10. Ke2 Dd1† 11. Ke3 Dd3** mattsetzen können! Der Schachfreund merke sich zum Vergleich, daß ein schwarzer Läufer auf c8 (an Stelle des Se7) noch leichter gewinnt, dagegen ein schwarzer Läufer auf d6 (der also den Bc7 schlagen könnte) wegen der „falschen" Ecke nur remis macht.

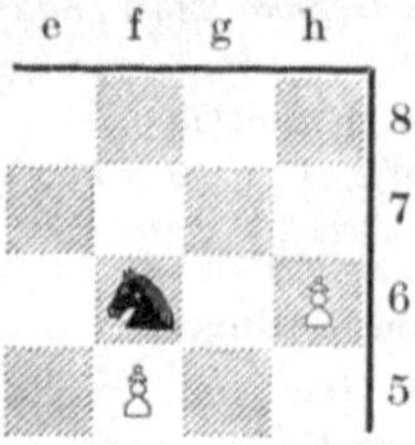

Hat der Gegner zwei voneinander getrennte Freibauern, so vermag sie der Springer nur in seltenen Fällen aufzuhalten, siehe z. B. das obenstehende Bild. — Hier sind beide Freibauern gestoppt.

Denken wir uns aber den Bf5 auf e6 stehend, so gewinnt Weiß mit **1. e7**, da einer der beiden Freibauern unweigerlich eine Dame wird.

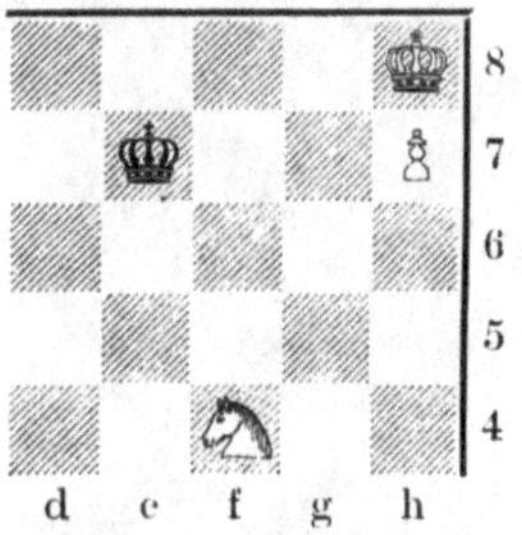

Ein Springer kann kein Tempo gewinnen, weil er entweder eine gerade oder eine ungerade Zügezahl zur Erreichung eines Zieles braucht, diese aber nicht nach Belieben in eine ungerade bzw. gerade Zahl umbiegen kann. So macht Schwarz hier mit **1. . . . . Kf8!** remis (nicht aber **1. . . . .** Kf7? **2.** Se6! oder Sg6!), da der Springer den feindlichen König nicht von f7 (bzw. f8) zu vertreiben vermag.

Zu der (relativen!) Unbeholfenheit des Springers noch ein kleiner Wink aus der Praxis. Wohin soll der König ziehen, wenn er dem Springer ein weiteres Schachgebot nach Möglichkeit erschweren will? Antwort: In die diagonale Opposition, in unserem Bild also nach h5.

Jetzt dauert es mindestens drei Züge, bis der Springer zu einem neuen Schachgebot kommt. Bei allen anderen Königszügen gelingt ihm dies schneller.

Viel mehr Freude bereitet der Springer im Mittelspiel. Einen typischen Kavalleriеangriff bringt uns das folgende Schlußspiel.

St.

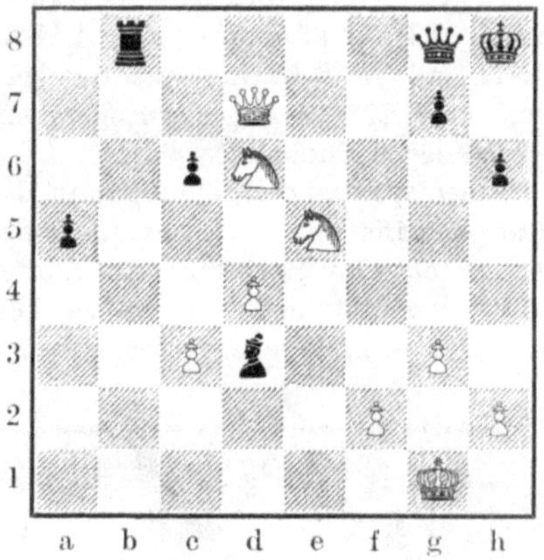

Eckardt (Berlin 1938)

Mit **1. Sdf7† Kh7 2. Sg5†!! Kh8** (hg5:, Dh3≠!) **3. Sef7†!** setzte Weiß seine Springer vorbildlich ein. Schwarz mußte die Dame geben.

Das nächste Bild zeigt eine elegante Linienöffnungskombination des weißen Springers.

Kotow

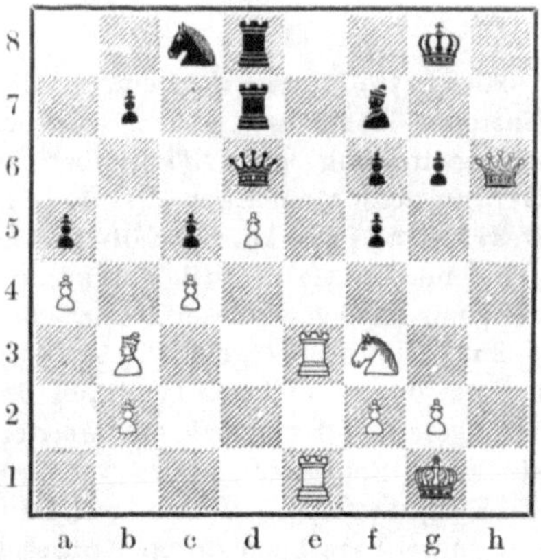

Boleslawsky (Groningen 1946)

1. Sd4! Der Springer darf nicht genommen werden, denn es droht Th3. **1. .... Df8 2. Sf5:!** Wieder ist der Springer unverletzlich: gf5:? 3. Tg3+. **2. .... Dh6: 3. Sh6:+ Kg7 4. Sf7: Kf7:** und Weiß hatte, dank dem geschickten Einsatz seines Springers, ein gewonnenes Endspiel.

Einen spannenden Schlußkampf, der die Angriffs- und Verwertungsmöglichkeiten von Springer und Läufer gut beleuchtet, lieferten sich die beiden Gegner in dem folgendem Spiel.

Kaila

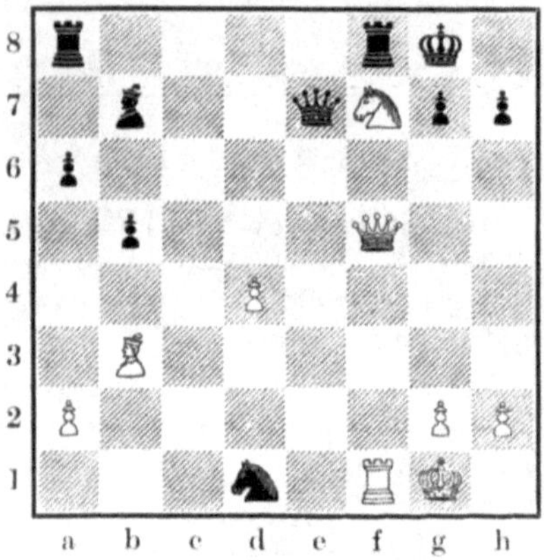

Keres (Tartu 1938)

Hier hatte Keres auf d1 einen Turm einstehen lassen, weil er sich von der Abzugsdrohung des Sf7 sofortigen Gewinn versprach. Aber .... **1. .... De3† 2. Kh1 Lg2+! 3. Kg2: Db3:!!.** Die glänzende Pointe. Nach **4. ab3:** kommt **Se3†** mit Rückgewinn der Dame; auch **4. Sh6† gh6: 5. Dg4† Kh8 6. ab3: Se3†** ändert daran nichts. Triumph des Springers! Und zugleich ein Meisterstück von Schwarz.

„Ewige Springer", weder durch Bauern angreifbare noch durch Abtausch zu beseitigende Springer, sind von lähmender Wirkung auf das Spiel des Gegners.

Korody

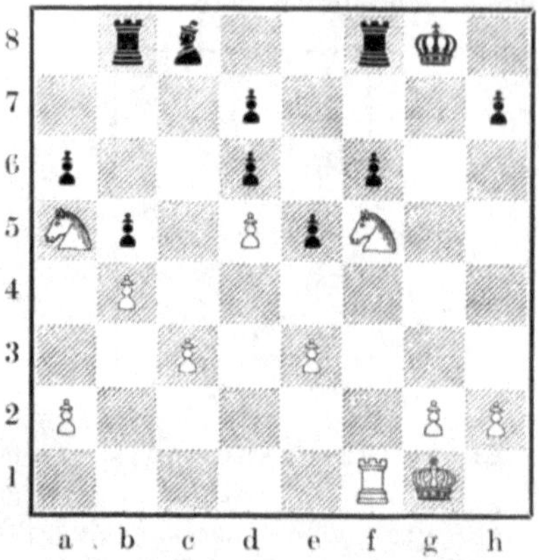

A. Becker (Tatatovaros 1935)

Die Springer a5 und f5 beherrschen das Brett. (Ausnahmsweise ist hier einmal ein Springer am Rande stark!) Der Lc8 spielt nur eine sehr bescheidene Rolle. Die Partie nahm folgenden weiteren Verlauf: **1. Tf3! Kh8** (oder Kf7, Tg3, denn nun geht Tg8 nicht wegen Sh6†) **2. e4 Lb7 3. Sd6: Lc8** (Nun hofft Schwarz, mit Tb6 und d6 endlich den Läufer freizuspielen. Aber Weiß hat eine besondere Feinheit in petto!) **4. a3! Tb6 5. c4! bc4:** (Td6:, c5 mit Turmgewinn!) **6. Sac4: Tb8 7. Kf2.** Es ging natürlich auch 7. Se5:. Der Textzug ist aber bissiger, denn Schwarz hat nun keine vernünftige Antwort mehr, z. B. 7. .... Kg7 8. Sf5† Kf7 9. Scd6†. Er gab daher auf.

Seht des Springers schillernde Gestalt,
Seines Sprunges trutzige Gewalt,
Seinen Großeinsatz im Kampfgewühl,
Und sein Ungeschick im Bauernspiel.
Gebt ihm eine gute Führung nur,
Ihm, des Schachspiels prächtigster
Figur!

Wuchtige, schwere Figuren

Die Türme und die Dame verfügen über eine ganz andere Durchschlagskraft als die leichten Figuren. Trotzdem haben sie es im Kampfe gegen einen weitvorgerückten Freibauern nicht leicht. Wir wollen auch hier einige markante Grundfälle vorführen.

Der Wettlauf zwischen Bauer und Turm führt nur dann zum Gewinn für den Turm, wenn sein König rechtzeitig an den Bauern herankommt.

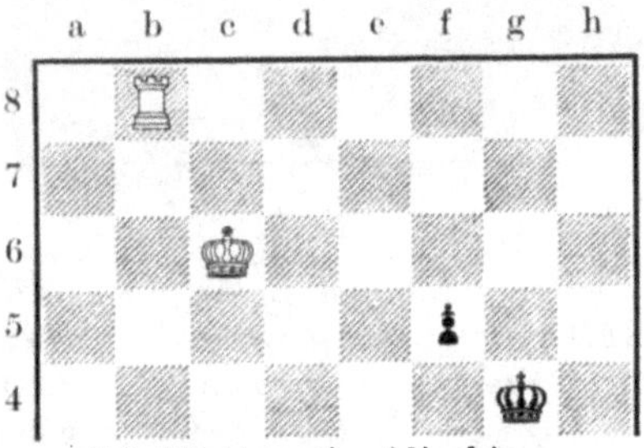

(19. Wettpartie, Aljechin-Bogoljubow, 1929)

Hier hatte Bogoljubow einige Züge vorher den groben Fehler gemacht, den König nach g4 (anstatt e4) zu führen. (Merksatz für solche Fälle: Der Bauernkönig muß seinen Bauern auf der Seite unterstützen, auf der sich der feindliche König anzunähern trachtet.) Er verlor dadurch sang- und klanglos wie folgt: **1. .... f4 2. Kd5 f3 3. Ke4 f2 4. Tf8 Kg3 5. Ke3.** Aufgegeben. Der weiße König kam zu schnell heran.

Stellen wir aber den schwarzen König nach e4, so bleibt die Partie remis, wie Analysen nach der Partie ergaben. **1. .... f4 2. Kc5 f3 3. Kc4** (Auf Te8† folgt nicht Kf4? Kd4! [und Weiß gewinnt!], sondern Kd3!. Immer so ziehen, daß dem feindlichen König die Annäherung nach Möglichkeit erschwert wird.) **3. .... f2 4. Tb1** (Tf8 Ke3 oder Te8† Kf3 führt zu keinem anderen Ergebnis.) **4. .... Ke3!** (Eingedenk der eben wiedergegebenen Regel! Ja nicht 4. .... Kf3? 5. Kd3!.) **5. Kc3 Ke2** Remis.

Was so ein Freibauer doch für eine Macht ist! Steht der Turm ungünstig, kann er sogar verlieren. Hier gewinnt Schwarz mit **1. .... e2! 2. Tf5† Ke6 3. Tf8** (Der einzige Versuch: Schach von hinten!) **3. .... Ke7!,** und gegen die Verwandlung des e-Bauern ist kein Kraut gewachsen! Wollte Weiß weiterkämpfen, so müßte er mit Turm gegen Dame spielen. An sich ist dieser Kampf aussichtslos, aber von der Dame wegen der unter Umständen bestehenden Pattgefahr nicht leicht zu gewinnen. Beim Kampf der Dame gegen den Turm besteht die Aufgabe der stärkeren Partei darin, den Turm von seinem König zu trennen und ihn dann zu erobern, oder aber das Matt zu erzwingen. Beides wird erschwert, wenn der Gegner, an den Rand gedrängt, Pattaussichten erlangt.

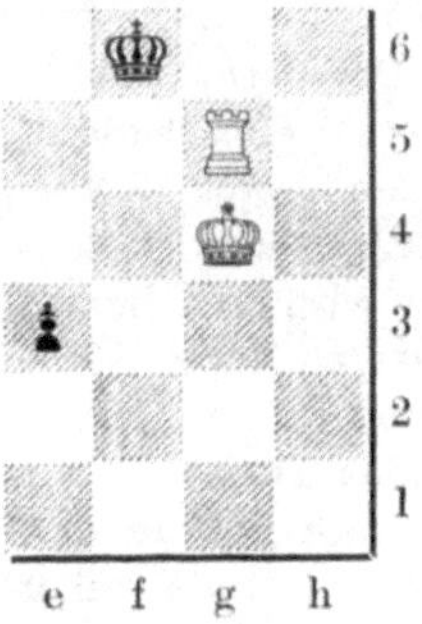

Ponziani

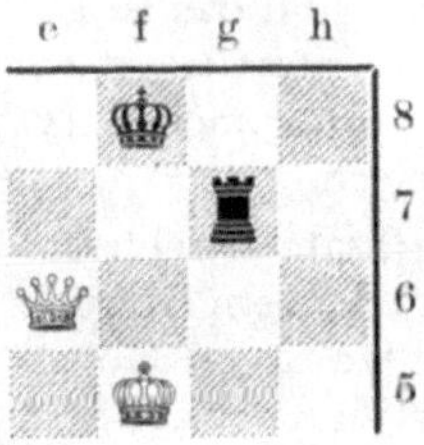

Schwarz macht remis; **1. .... Tf7† 2. Kg6** (Ke5? Te7) **2. .... Tg7† 3. Kh6** (Kf6, Tg6†! Kg6:Patt!) **3. .... Th7† 4.**

Kg6 (Kh7 wieder Patt!) **4. . . . . Th6†! 5. Kh6:** (Die dritte Pattstellung!) Typische Wendungen, die man kennen muß!

Philidors Zugzwangstellung, eine von denen, die die Damenpartei anstreben muß Schwarz am Zuge, kann Matt oder Turmverlust in höchstens fünf Zügen nicht vermeiden. Bitte ausprobieren!

Philidor

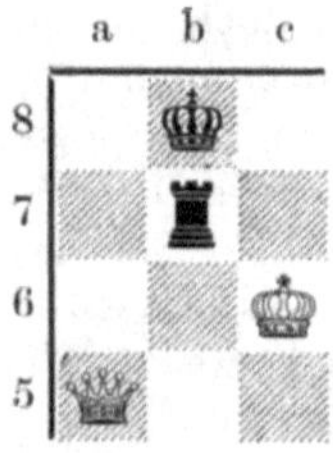

Der Turm hat weit mehr Remischancen, wenn seine Partei noch über einen Bauern verfügt Hierauf näher einzugehen, ist an dieser Stelle nicht möglich. Weisen wir nur darauf hin, daß der Bauer den Turm und der König den Bauern deckt, ferner daß der Turm so postiert sein muß, daß er dem feindlichen König den Zugang zu dem Bauern sperrt.

Die häufigsten Endspiele im Schach sind die Turmendspiele. Das liegt daran, daß die Türme nicht sogleich in das Spiel eingreifen können und schwerfälliger zu entwickeln sind Sie bleiben daher zum Schluß meist übrig, und nun muß der Spieler die Entscheidung nolens volens im Turmendspiel suchen. Obwohl schon Tausende von Turmendspielen gespielt worden sind, haben sich zwar allgemeine Anhaltspunkte, aber noch keine regelrechte Systematik ergeben (Und das ist gut so!) Wir müssen uns hier damit begnügen, ein paar vorkommende typische Fälle zu erörtern.

Ein wichtiger Merksatz In Turmendspielen mit nur einem Bauern wird sich der schwächere König bemühen, das Umwandlungsfeld des Bauern zu besetzen Wichtiger als das Vordringen des Bauern ist daher die Fernhaltung des feindlichen Königs

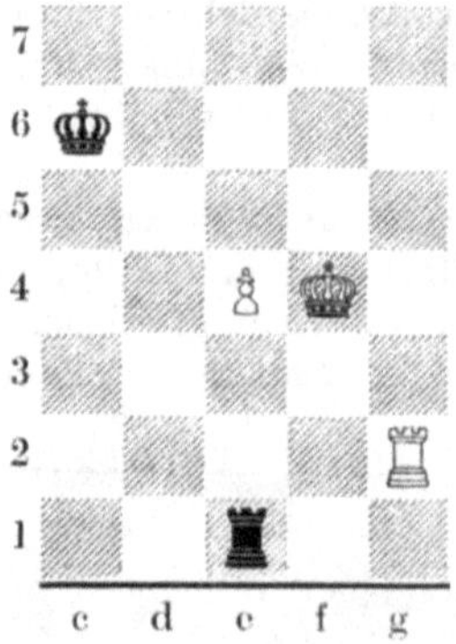

Falsch wäre hier **1. e5?**, denn nach **Kd7!** gelangt der schwarze König **vor** den Bauern, was das Remis bedeutet. Richtig ist **1. Td2!**, um dem König den Weg zu verlegen Der Kampf würde etwa folgenden Fortgang nehmen: **1. . . . . Tf1† 2. Kg5 Tg1†** (Tf8, e5) **3. Kf5! Tf1† 4. Ke6! Te1 5. e5 Kc7 6. Kf6 Tf1† 7. Ke7 Te1 8. e6 Tf1 9. Tc2† Kb7 10. Kd7 Td1† 11. Ke8 Te1 12. e7 Tf1.** (Wie nun weiter? Da hilft Weiß der sogenannte Brückenbau) **13. Tc4! Tf2** (Schwarz muß abwarten) **14. Kd7 Td2† 15. Ke6 Te2† 16. Kf6! Tf2†.** (Bietet Schwarz nicht Schach, so spielt Weiß am einfachsten Tc5 nebst Te5 Bei Kb6 folgt Tc8) **17. Ke5!! Te2† 18. Te4!.** Die Brücke, die die Umwandlung des Freibauern sichert

Mit einer Brücke anderer Art, die aber ebenfalls typisch für so manche ähnliche Endspielwendung ist, siegte Schwarz in dem folgenden Partieschluß

Dimer

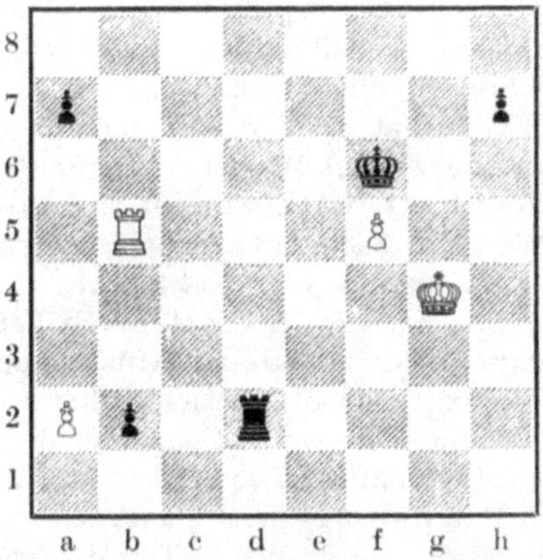

Hallgarten (Hamburg 1914)

Spielt Schwarz sofort a5, so ist das Schach auf b6 recht lästig. Deshalb **1. .... b5†! 2. Kh5: a5! 3. Kg4.** So allerdings wird die Brücke sofort wirksam. **Td4† 4. Kf3 Tb4!,** der Turm auf der Brücke! Das Spiel ist aus. — Aber auch **3.** a3 Tc2! hätte nichts geändert; da **4.** Tb6† Kf5: aussichtslos ist, wäre **4.** Kg4 so gut wie erzwungen. Mit Tc4†! **5.** Kf3 Tb4!! hält die Brücke jedoch auch der verstärkten Beanspruchung stand. Diesen „Witz" wollen wir uns merken.

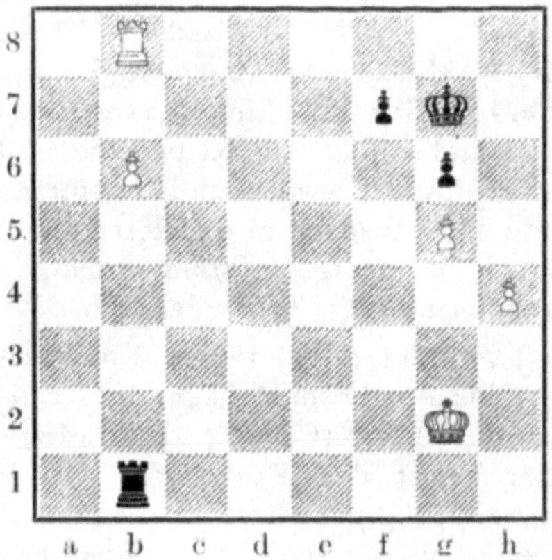

Wenn vom Brückenbau die Rede ist, darf die alte Geschichte vom Schlupfwinkel nicht fehlen.

Nach **1.** b7?, was so natürlich aussieht, wäre die Partie hoffnungslos remis, da der weiße König kein sicheres Plätzchen gegen die schwarzen Turmschachs findet. Das Feld b7 muß dem weißen König als Schlupfwinkel erhalten bleiben, dann gewinnt Weiß leicht. Lehrreich und zum Studium empfohlen.

Die Erfahrung lehrt: Die T ü r m e g e h ö r e n h i n t e r d i e F r e i b a u e r n, h i n t e r d i e e i g e n e n w i e d i e f e i n d l i c h e n. Der Turm hat eben mehr Stoßkraft als Auffangkraft.

Engels

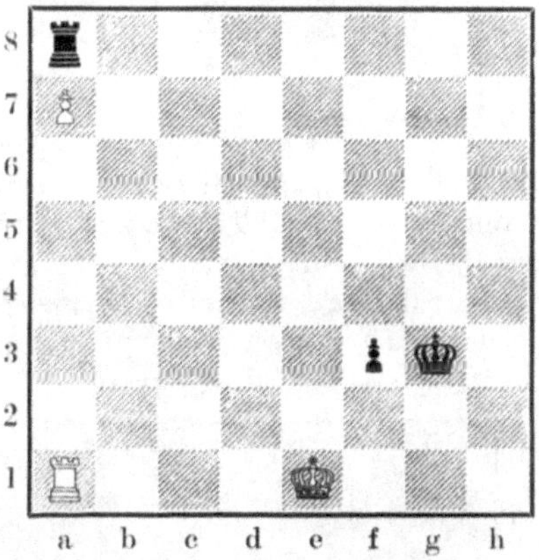

Weißgerber (Aachen 1935)

Hier wird die an sich ungünstige Turmstellung von Schwarz durch die bessere Position seines Königs ausgeglichen. Weiß mußte jetzt so spielen, daß er die Herrschaft über das Umwandlungsfeld des Bf3 (f1) behält. Sofort Kf1? verliert aber wegen Th8!. Richtig war **1. Ta6!,** um mit dem Turm h i n t e r den feindlichen Freibauern zu kommen und auch die sehr wichtige Möglichkeit zu Schachgeboten zu erhalten, mit leichtem Remis. Es geschah aber **1. Ta3? Kg2! 2. Ta2† Kg1 3. Ta1** (Jetzt gibt es keine Rettung mehr!) **3. . . . . f2† 4. Ke2† Kg2.** Aufgegeben. Es folgt Te8† nebst f1D.

Ein beliebtes und häufig angewandtes Kampfmittel ist die Ablenkung des feindlichen Turmes durch Opfer des eigenen, wonach der Freibauer glatt durchgeht.

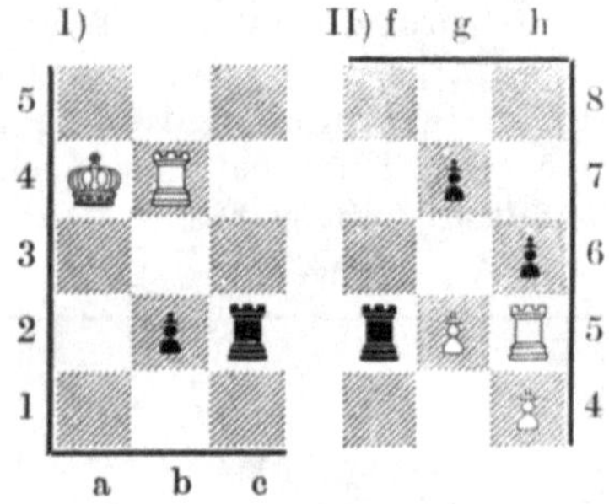

I) **1. . . . . Tc4!!**, und der Bb2 wird eine Dame. II) **1. gh6:!! Th5: 2. hg7:**, und der Bg7 wird eine Dame.

Grundregel für alle Turmendspiele: Führe den Kampf nicht

K. Richter (Berlin 1940)

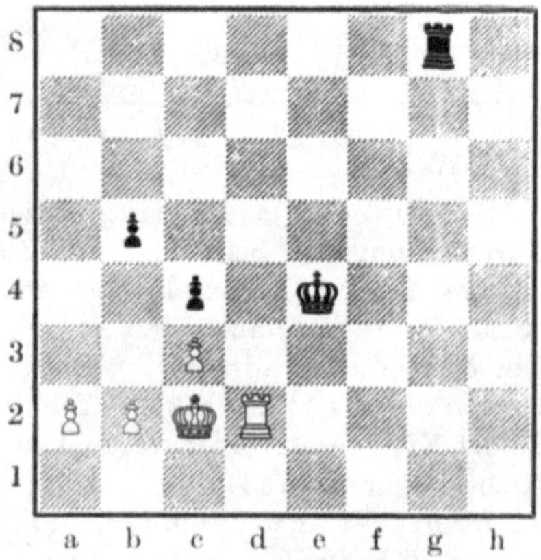

Dr. Taeffner und Beratende

passiv, sondern suche den Gegenangriff! Opfere lieber einen Bauern, als daß du dich in eine mühselige Verteidigung drängen läßt.

Weiß hat einen Bauern mehr und sollte gewinnen. Mit dem überstürzten Vorgehen **1. a4!?** erschwerte sich aber Weiß die Sache erheblich. Es folgte **1. . . . . ba4: 2. Td4† Kc3 3. Tc4:**. Die passive Deckung des Ba4 durch Ta8 wäre jetzt gänzlich aussichtslos, da Weiß mit dem König nach a3 kommt oder (im Falle von a4—a3) mit dem b-Bauern natürlich vorbeizieht. **3. . . . . Tg2† 4. Kb1 a3!.** Dieser überraschende Vorstoß sprengt die weißen Bauern und legt, was mindestens ebenso wichtig ist, die zweite Reihe bloß. Der Plan geht dahin, den weißen König am Rande festzuklammern und ihm dann dort ein ewiges Schach zu geben. **5. ba3:.** Bei 5. b4 Kd3 6. Tc8 Tb2† 7. Ka1 Kc2! nebst Kb3! ist an einen Gewinn für Weiß überhaupt nicht zu denken. **5. . . . . Kd3 6. Tc8 Tg7.** Um auf der b-Linie in den Kampf einzugreifen. **7. Kb2?.** Gewinnaussichten bot hier trotz allem noch immer 7. Ka2!, wonach der schwarze Turm nicht mit Tempo auf die b-Linie kommt. Z. B. 7. . . . . Tb7 8. a4 Kc2 9. a5! Tb5! 10. Ka3! Ta5+ 11. Kb4 usw. **7. . . . . Tb7† 8. Ka2 Kc2.** Remis. Gegen das Dauerschach auf b1, b2 und evtl. b3 ist kein Kraut gewachsen. Hier brachte also der Gegenangriff die Rettung!

Wenn dich der Gegner schlagen will,
so schlage wieder, halt' nicht still!

Folgendes gilt für alle Endspiele und in besonderem Maße für die Turmendspiele: Nicht die Zahl, sondern der Wert der Freibauern entscheidet! Wer im Endspiel die Bauern bloß zählt, ist schlecht beraten. Ein vordringender Freibauer, der nicht leicht aufgehalten werden kann, wiegt oft mehr als zahlenmäßige Übermacht auf seiten des Gegners.

Barcza

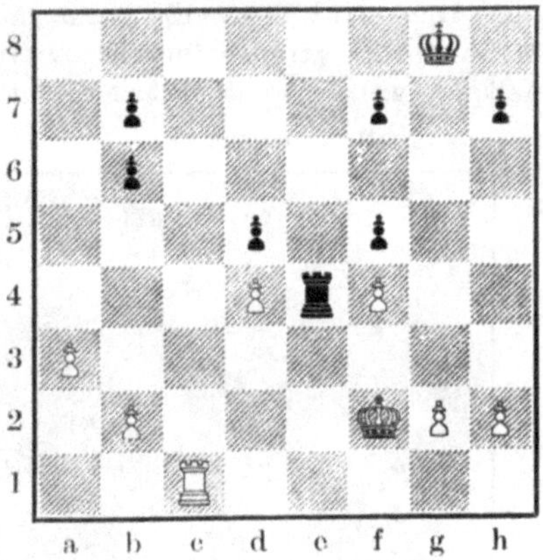

Dr. Euwe (Budapest 1940)

1. Tc7! Dr. Euwe hat tief und weit gerechnet. Für die beiden Damenflügelbauern des Gegners gibt er seine sämtlichen Bauern am Königsflügel her. Der Witz ist, daß er dabei verbundene Freibauern bekommt, die schnell laufen und sich gegenseitig unterstützen, während der Gegner nur über vereinzelte ungefährliche Freibauern verfügt. **1. .... Td4: 2. Ke3 Te4† 3. Kd3! Tf4: 4. Tb7: Tf2 5. Tb6: Tg2: 6. a4.** Schwarz ist rettungslos verloren. Weiß zieht im richtigen Augenblick Tb6—b3—a3 und läuft mit dem a-Bauern, den Schwarz mit seinem Turm blockieren muß. Darauf gewinnt der Nachstoß des b-Bauern leicht. **6. .... Th2: 7. a5 Th1 8. Tb3! Th3†** (Ta1, Ta3!) **9. Kc2 Th2† 10. Kb1 Te2 11. a6 Tc7 12. Ta3!.** Aufgegeben, da auf Ta7 13. b4 usw. folgt (wie eben skizziert). Auch an diesem kleinen Beispiel erkennen wir den Grundgedanken, der das ganze Schachspiel durchzieht: Schach, das Spiel der Qualität, nicht der Quantität; der Sieg der Idee, nicht des Besitzes!

Wir schließen unsere Betrachtungen über das Turmendspiel mit einem Hinweis auf das Patt, das auch in Turmendspielen oft die letzte Rettung bedeutet.

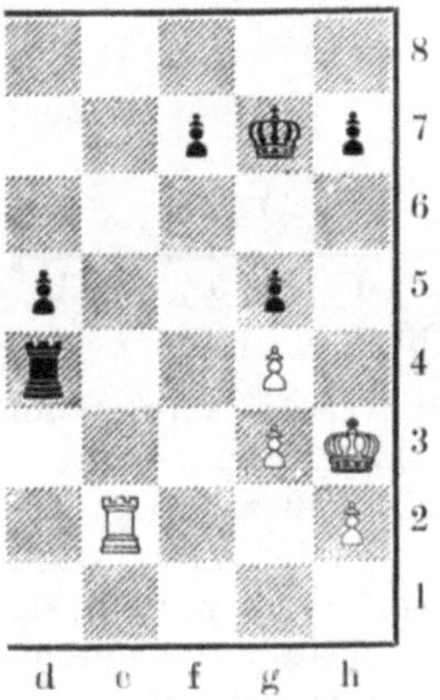

Partie Czach—Kipke (Berlin 1936)

„Remis?" fragte Weiß unschuldig seinen Gegner und wurde natürlich hohnlächelnd abgefertigt. Aber nach **1. Td2!!** wurde Schwarz sehr kleinlaut; entweder muß er nämlich mit **Td2:** den Gegner pattsetzen oder aber den Mehrbauern aufgeben.

Über die Bedeutung der Türme im Mittelspiel wird im folgenden Abschnitt noch zu reden sein. Daß sie offene (= von keinen Bauern besetzte) Linien brauchen, um zu wirken, ist bei einigem Nachdenken wohl zu verstehen. Hier nur ein Beispiel, wie man Türme nicht aufstellen soll.

Die weißen Türme: ohne jede Wirkung, nur mit der Bauerndeckung beschäftigt („Vermeide es im Mittelspiel möglichst, einen Bauern mit einer schweren Figur zu dek-

Bogoljubow

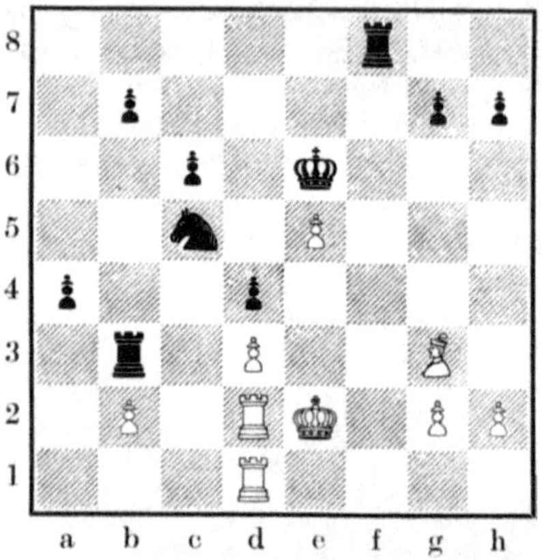

B. Koch (Berlin 1935)

ken!"); die schwarzen Türme: auf wirksamen Linien, glänzend postiert, mit einem Höchstmaß an Kraft! Es folgte kurz und bündig: **1. .... a3! 2. ba3: Se4!!**, und Weiß gab auf, da 3. de4: an Te3+ scheitert und andernfalls bei kläglicher Stellung die Qualität verlorengeht. (Der Zug 1. .... a3! machte das Feld c3 frei!)

Die Dame tritt im Spiel bald in der Gangart des Turmes, bald in der des Läufers in Tätigkeit und ist natürlich dadurch besonders mächtig, daß sie beides in sich vereinigt. Das ist z. B. auch ihr Vorteil im reinen Endspielkampf (ohne Bauern) Dame gegen Turm + Läufer bzw. Turm + Springer, der in normalen Fällen aber doch remis endet.

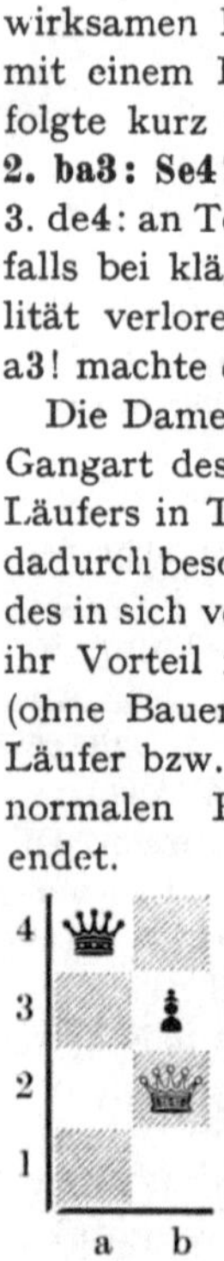

Damenendspiele gehören zu den gefürchtetsten Endspielen, weil sie infolge der meist möglichen unübersehbaren Schachgebote schwer zu führen und mitunter recht langdauernd sind. Auf der anderen Seite gewinnt hier der Freibauer eine ganz andere Bedeutung als in den übrigen Endspielen, weil die Dame allein nicht imstande ist (wie etwa der Turm), ihn erfolgreich zu blockieren. Hier wird die weiße Dame mit **1. .... Da2!** vertrieben (vorausgesetzt, daß der weiße König entfernt steht).

Nach V. Kosek (1904)

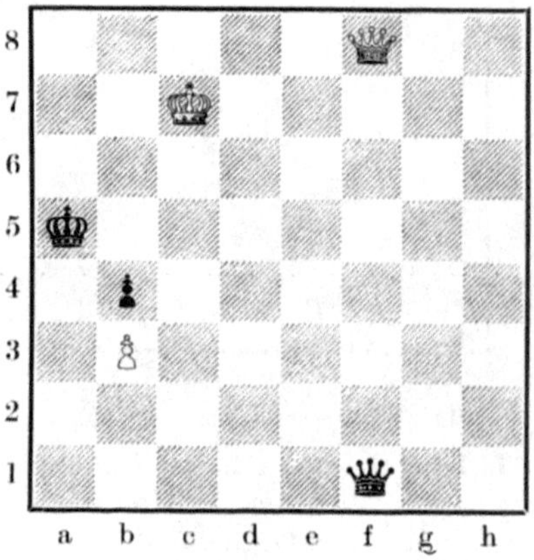

Schwarz hatte soeben f2—f1D gespielt in der Hoffnung auf Df8×f1 — Patt! Indessen ist nun das Überraschende, daß Weiß das Damenendspiel durch Mattangriff gewinnt — ein in dieser Endspielart häufig wiederkehrendes Kampfmittel bei Randstellungen des Königs. **1. Dc5† Db5 2. Dd4!** Dieser hübsche Zug droht Da1†. **2. .... Ka6 3. Df6†! Ka7 4. Da1† Da6 5. Dd4† Ka8 6. Dd8†** nebst Matt in zwei Zügen. Ein feines Tempospiel.

Widmen wir noch kurz ein paar Worte dem Endkampf aller schweren Figuren (auf beiden Seiten je Dame und zwei Türme), der meist (selbst mit einem Mehrbauern) Remischarakter trägt, weil die große Beweglichkeit der Großkampffiguren eine feine Spielführung und subtile Ausnutzung eines kleinen materiellen Vorteils fast unmöglich machen. Es muß aber darauf hingewiesen werden, daß gerade die große Beweglichkeit, richtig eingesetzt, oft doch eine Entscheidung ermöglicht, wenn nämlich der Gegner die feindlichen Waffen zur vollen Entfaltung kommen läßt. Zwei Beispiele sollen die Möglichkeiten solcher Schlußkämpfe kurz andeuten.

Hennicke

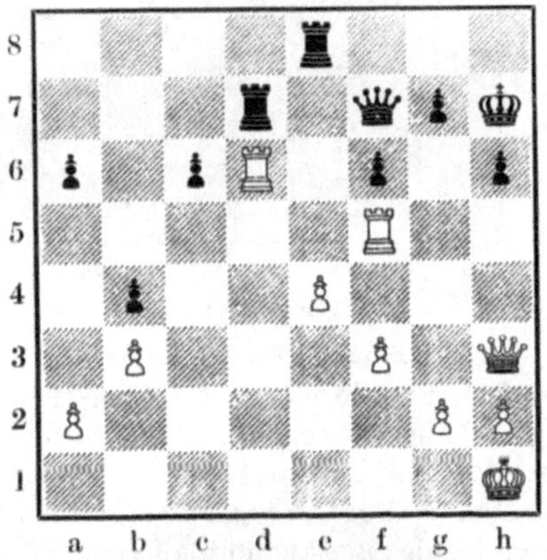

Gumprich (Berlin 1931)

Weiß sollte eigentlich wegen der Mattgefahr auf der ersten Reihe sehr vorsichtig verfahren, begann aber nun zu kombinieren: **1. Tff6:?**, was ihm hätte zum Verhängnis werden sollen: **1. .... Df6:!! 2. Dd7:**. Offenbar das einzige. Auf Da1† soll **3.** Td1 geschehen. **2. .... Te7!!**. Wiederum ein sehr feiner Zug, der die weiße Dame nach d8 zwingt. **3. Dd8 Te4:!!** Die dritte entscheidende Pointe. Die ohne die Zwischenzüge Te7 Dd8 rettende Verteidigung **4.** Td1 verfängt jetzt nicht wegen **4.** .... Dd8:! Schwarz gewinnt.

.... Nur schade, daß dies alles erst später in der Analyse gefunden wurde.

Die Partie ging für Schwarz nach **1. Tff6:? Td6:? 2. Td6:** sang- und klanglos verloren. Alles in allem doch ein schöner Beweis für die Wendigkeit der Großkampffiguren, die zwar „schwer", aber durchaus nicht „schwerfällig" sind; besonders wenn sie, wie auch in dem folgenden Schlußspiel, durch das fehlende Luftloch des Gegners begünstigt werden.

Kamisow

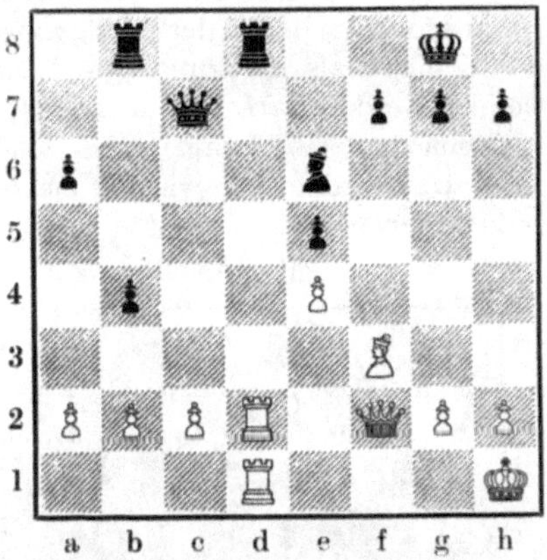

Rowner (Moskau 1947)

Hier ist allerdings noch beiderseits je ein Läufer mit von der Partie, was eigentlich erst die folgende effektvolle Kombination ermöglicht, da der Lf3 den Td1 deckt. **1. Da7!** Soll die schwarze Dame von d8 ablenken. **1. .... Da5.** Sie weigert sich noch. Übrigens würde Td2: 2. Dc7: Td1:† an 3. Ld1: scheitern; deshalb ist der Läufer wichtig. **2. Da6:!** Immer mit der gleichen Tendenz des Matts auf der 8. Reihe. **2. .... Dc7 3. Da7!** Nun, nachdem der Ba6 verschwunden ist, hat die schwarze Dame keinen Ausweg mehr, wie leicht ersichtlich. Schwarz gab daher auf.

Wollt ihr eine Stellung stürmen?
Wohl! Heran mit allen Türmen!
— — So brecht ihr den Widerstand.
Wollt den Bauern ihr verwandeln,
Müßt den Turm ihr fein behandeln,
Klug, mit schnell entschloss'ner Hand!

Etwas vom König

Daß der König im Mittelspiel nicht am Kampfe teilnehmen, sondern wohlverwahrt an einer sicheren Stelle stehen soll, ist eine Binsenwahrheit. Daraus folgt auch, daß der König möglichst nicht als Deckungsfigur verwendet werden darf. Selbst bei sehr verkleinertem Figurenmaterial sind dann Überraschungen wie die nachstehende möglich.

Pätzold

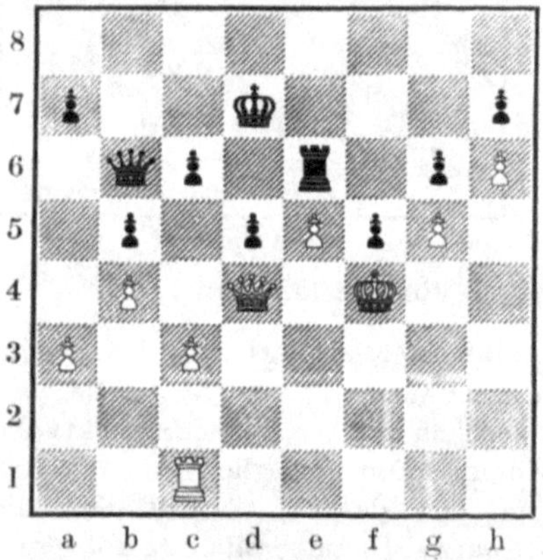

Gründer (Nowawes 1930)

Der König als Deckungs- (Blockade-) Figur!? **1. . . . . Te5 : !!** Ein glänzender Überfall! Bei 2. Db6 : Te4† nebst 3. . . . . ab6 : hat Schwarz ein leicht gewonnenes Endspiel. **2. Ke5 :** (De5 :, Df2‡). **2. . . . . Db8† 3. Kf6 Df8† 4. Ke5 Dd6‡**.

Wir sehen daraus, wie gefährlich es ist, den König selbst in endspielartigen Stellungen zu schnell nach vorn zu bringen. Wir können es uns nicht versagen, noch auf das nachstehende lustige Schlußspiel hinzuweisen.

Gruhl

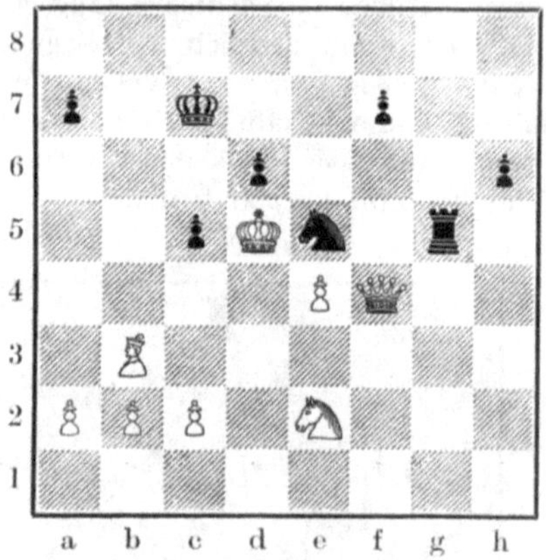

M. (Berlin 1931)

Schwarz hatte soeben die Dame geopfert, um sie nun mit Abzugschach zurückzugewinnen. Da 1. Df1 an Sg4† 2. Kc4 Se3† scheitert, hätte Weiß am besten 1. Dg5 : gezogen. Wohl bleibt sein König eingeklemmt, aber Schwarz kann dies nicht ausnutzen. Er spielte aber **1. Df6?,** um nun auf ein Springerabzugschach die Dame gegen den Turm zu opfern und dann mit dem König über c4 zu entweichen. Was aber folgte zum Gaudium der Kiebitze? **1. . . . . Sd7† 2. Dg5 : Sb6‡ !!.** So wurde der fürwitzige König doch noch bestraft!

Was in kombinationsreichen Stellungen des Mittelspiels ein Fehler ist (den König ins Treffen zu führen), ist im Endspiel eine Hauptforderung. Hier wagt sich der König vor und muß es, denn bei der Unterstützung bzw. Bekämpfung der Freibauern spielt er die entscheidende Rolle. Zunächst ein „geometrischer" Hinweis.

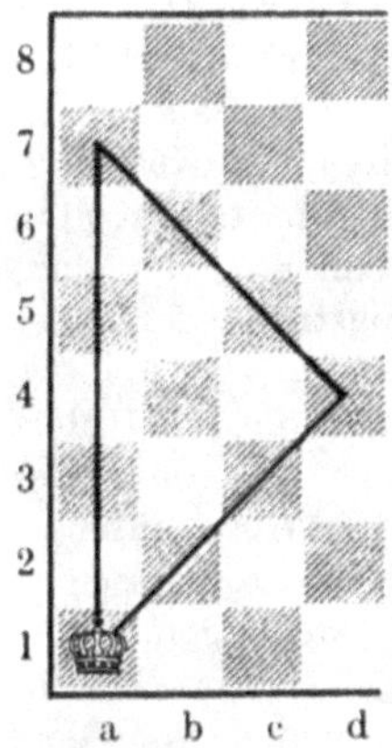

Welcher Weg ist weiter? Der direkte von a1 nach a7 oder der indirekte über die Diagonalen von a1—d4—a7?

Nun, der Schachfreund wird erstaunt sein: für den König sind beide Wege gleichlang! Er kann sich also einen scheinbaren Umweg erlauben und kommt dennoch rechtzeitig ans Ziel. Im Endspiel kann dieses Wissen eine große Bedeutung erlangen.

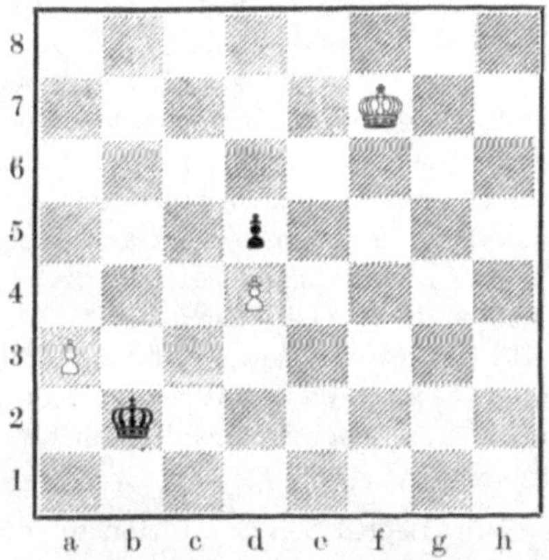

Würde Schwarz hier sofort auf a3 schlagen, so würde er nach Ke6 nebst Kd5: glatt verlieren. Läßt er aber den weißen a-Bauern zunächst laufen und holt sich erst den d-Bauern, so kommt er immer noch zurecht: **1. . . . . Kc3! 2. a4 Kd4: 3. a5 Kc5 4. a6 Kb6.**

Eine eigenartige Anwendung dieses Prinzips zeigt Richard Retis berühmte Studie aus dem Jahre 1921.

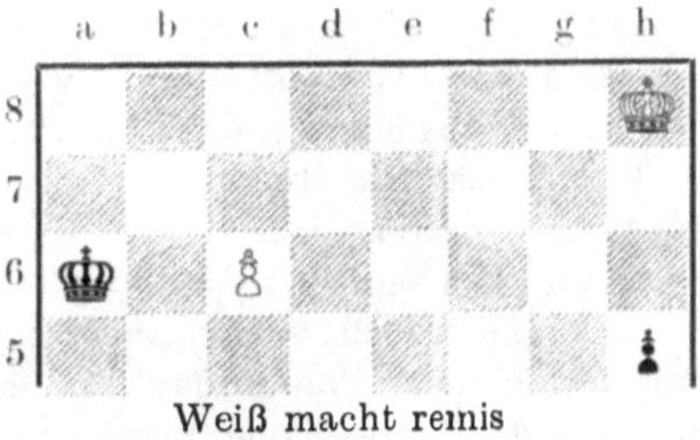

Weiß macht remis

Der Bh5 ist nicht aufzuhalten — wie aber macht Weiß remis? Indem der weiße König dem schwarzen Bauern nicht auf der Senkrechten, sondern auf den Schrägen „nachläuft", wobei er geschickt die Drohung der Umwandlung des eigenen Bauern mitverknüpft. Also **1. Kg7 h4 2. Kf6 Kb6.** (Sonst 3. Kc7! usw.) **3. Ke5! Kc6:** (Andernfalls folgt 4. Kd6 nebst c7.) **4. Kf4!** — und das Wunder ist geschehen, der schwarze Bauer ist aufgehalten! Diese Studie erregte bei ihrem Erscheinen berechtigtes Aufsehen; sie wurde oft nachgeahmt, doch in ihrer ursprünglichen Frische nicht mehr erreicht.

Überhaupt kann der König durch überraschende Zwischenmanöver manche fast schon verlorene Partie noch retten.

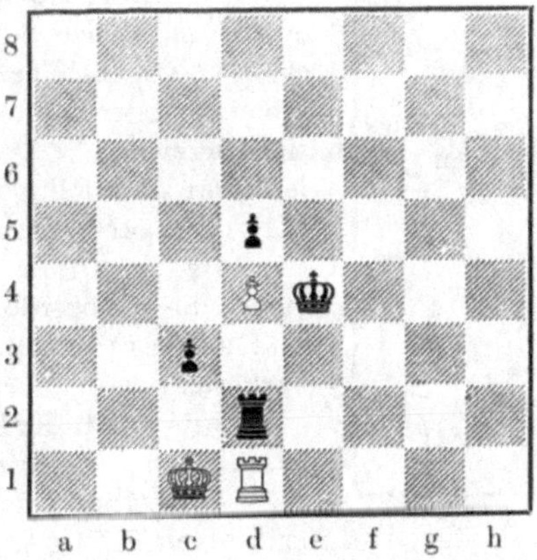

Hier hatte Schwarz mit dem lehrreichen Fehler Th2—d2? den Gewinn der Partie verschenkt: **1. Td2: cd2:†** **2. Kc2!!** Schwarz aber rechnete nur mit **2.** Kd2:? Kd4:, wobei er die Opposition und den Sieg in der Hand hätte. Nach Kc2! jedoch behält Weiß die Opposition und damit das Remis: **2. . . . . Kd4: 3. Kd2:**, oder **2. . . . . Ke3** **3. Kd1! Kd4: 4. Kd2:** usw.

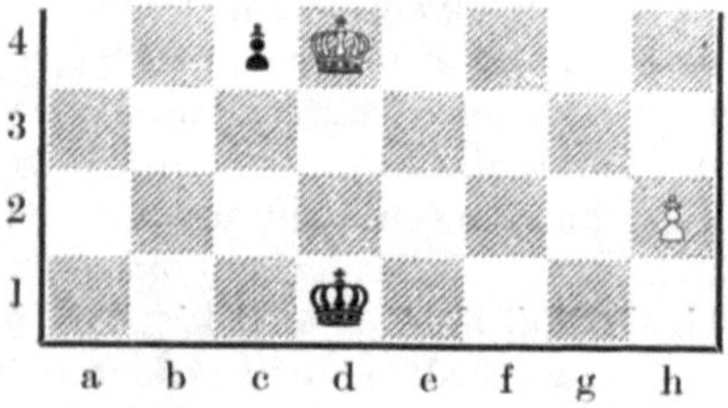

Schwarz holt den h-Bauern gerade noch ein, aber nicht auf dem direkten Wege **1.** . . . . Ke2? **2.** h4 Kf3 **3.** h5 usw., sondern auf dem Umweg **1. . . . .** **Kd2!! 2. Kc4:** (Weiß muß dieses wichtige Tempo verlieren, da c4—c3 drohte) **Ke3! 3. h4 Kf4** mit Remisschluß.

Zwei instruktive Fälle! Der König als erfolgreicher „Fabius cunctator".

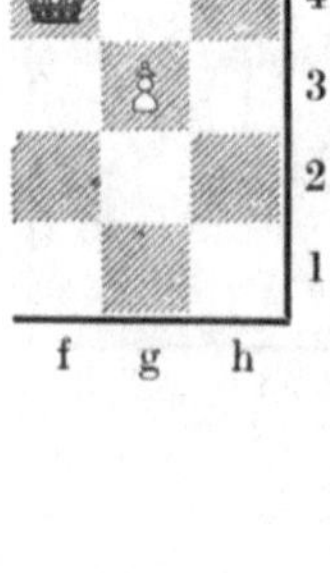

Wie führt der König einen Freibauern? Soll er ihn „vor sich herschieben" oder „hinter sich herziehen"? Das letztere ist das richtige!

Nach 1. g4? bekäme Schwarz mit 1. . . . . Kf6! die Opposition und könnte nicht mehr verlieren.

Richtig ist **1. Kg4!** (Weiß drängt mit Hilfe der Opposition den schwarzen König erst zurück!) **1. . . . . Kh6 2. Kf5! Kg7** **3. Kg5 Kh7 4. Kf6 Kg8 5. Kg6 Kh8** **6. g4** (Jetzt erst wird der Bauer nachgezogen!) **6. . . . . Kg8 7. g5 Kh8** (Kf8, Kh7) **8. Kf7,** und gewinnt. Erst ging der König als Wegbahner voran; nun, auf gesicherter Zugstraße, folgt der Bauer.

Der Randbauer gewinnt mit Unterstützung des Königs nie, sofern der gegnerische König sein Umwandlungsfeld beherrscht. Es gibt sogar Remisstellungen, bei denen der Bauernkönig vor dem Randbauern steht. Der Witz dabei ist, daß er eingeschlossen werden kann.

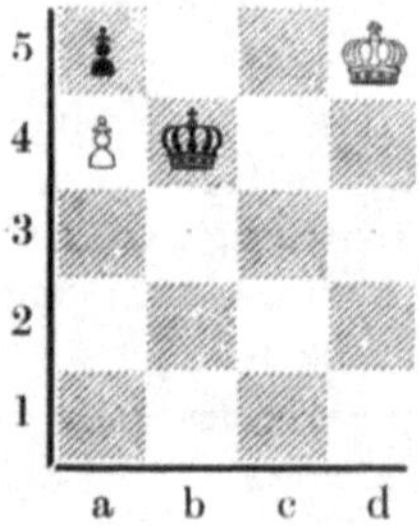

Mit **1. . . . . Ka4:** kann Schwarz sich wohl einen Freibauern schaffen, aber nicht gewinnen, denn mit **2. Kc4** (der waagerechten Opposition) sperrt ihn der weiße Gegenspieler ein. Aus dieser Einsperrung kann er zwar nach **2. . . . .** **Ka3 3. Kc3! a4 4. Kc2!** mit **4. . . . .** **Kb4** (Ka2, Kc1!) herauskommen, allein dann gelangt Weiß mit seinem König nach a1, wonach es unwiderruflich remis wird.

Zum Begriff der Opposition für die noch nicht mit ihm Vertrauten ein kleiner Hinweis.

(S. Bild auf nächster Seite.)

a) Nahopposition (Die gebräuchlichste Form)

b) Fernopposition (Dreifelderabstand)

c) Fernopposition (Fünffelderabstand)

Dieselben Formen können sich auch auf den Reihen (waagerechte Opposition) und Diagonalen (diagonale Oppo-

Senkrechte (Linien) Opposition

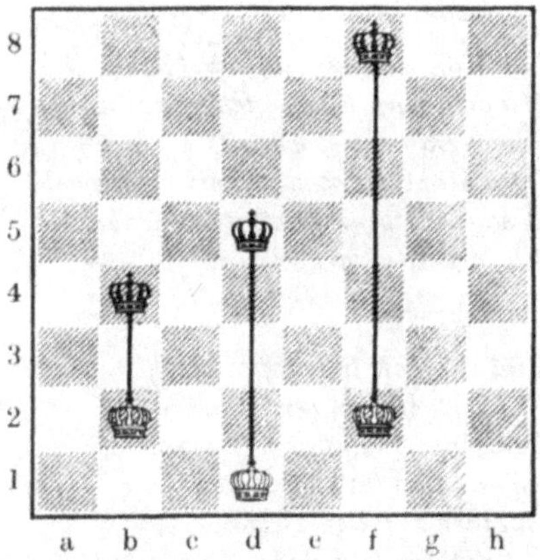

a) b) c)

sition) wiederholen. Die Opposition spielt im Raumkampf des Endspiels eine große Rolle; die Partei, die nicht am Zuge ist, hat die Opposition. Der Gegner muß sie aufgeben. Der Witz ist dabei der, daß der die Opposition verlierende Teil dem anderen König Raum geben muß. Welche Opposition nun den gewünschten Erfolg hat: die Nah- oder die Fernopposition, das hängt ganz von der gegebenen Stellung ab — und ist im übrigen ein Thema für ein neues Buch!

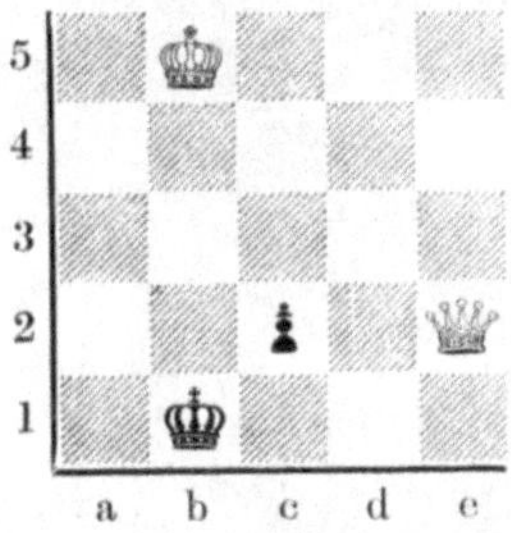

Am Rande spielt die Opposition bei Mattstellungen eine Rolle (siehe unter anderem Mattbild König + Turm gegen König). Einen lehrreichen Fall führen wir hier noch an.

Für gewöhnlich macht der Läuferbauer (einen Zug vor der Umwandlung, unterstützt von seinem König) remis, weil „sein" König im richtigen Augenblick in die Ecke ziehen und den Bauern preisgeben kann (Patt!). (Aus dem gleichen Pattgrunde macht der Randbauer, der sich allerdings nicht schlagen lassen darf, remis.) Hier aber kann Weiß den König rechtzeitig heranbringen: **1. Kb4 c1D 2. Kb3!,** und Schwarz ist gegen das Matt wehrlos.

Selbst der Turm kann auf gleiche Weise in einer besonderen Stellung gegen die Dame gewinnen, wenn der König die Oppositionsstellung am Rande einnimmt.

(Nach J. Moravec)

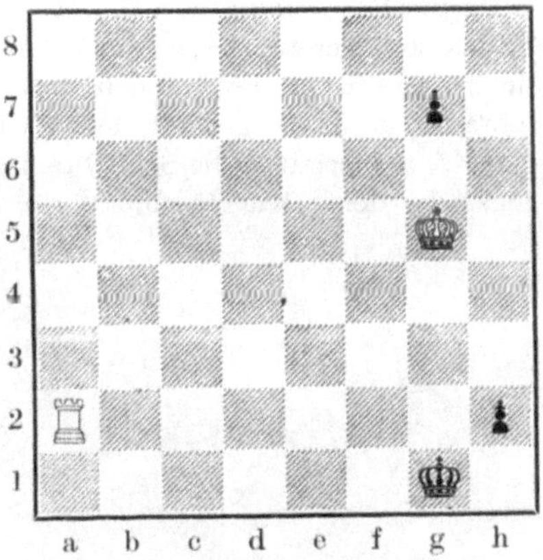

Weiß hat absichtlich den Bg7 nicht geschlagen. Er gewinnt mit **1. Kg4! h1D 2. Kg3!,** denn Schwarz (dem auf a1 Matt droht), hat kein vernünftiges Schach und kann auch mit Dh8 nicht decken (deshalb ließ Weiß den Bg7 stehen!).

Auch bei 1. Kg4 h1S 2. Kf3! g5 3. Ta4 Kh2 4. Tg4 Kh3 5. Tg5: Kh4 (Kh2,

Tg6) 6. Tg1 gewinnt Weiß. Dieses Abspiel zeigt eine hübsche Beherrschung des Springerraumes durch den Turm.

Man kann mit der Opposition auch oft dem Gegner einen wichtigen Weg verlegen. Hier liegt die verhältnismäßig einfache Gewinnidee in dem lehrreichen Königsmanöver **1. .... Kg4! 2. Kh7: Kh5!!,** womit **3.** Kg6 verhindert und die Umwandlung des f-Bauern gesichert ist. Man war zunächst der Meinung, es müsse **2.** .... f5? geschehen, worauf die Partie aber nach **3.** Kg6! remis bleibt.

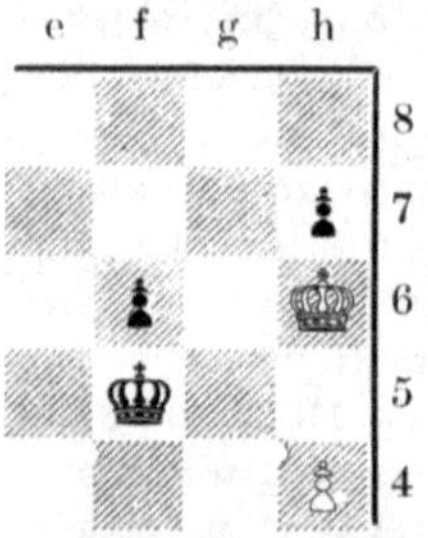

Da die Verwendung des Königs im Bauernendspiel eine Wissenschaft für sich ist und für die Praxis doch nur beschränkt in Frage kommt, legen wir den König hiermit in die Schachtel zurück. In den „Kurzgeschichten um Schachfiguren" wird der König wie folgt charakterisiert:

Der König ist ein starker Mann,
Mit dem man Pferde stehlen kann — — -
. . . Dann und wann!
Doch ist er oft auch ziemlich schwach,
Besonders wenn er steht im Schach —
. . . Leider, ach!

— — —

Und wer ihn führt spazieren,
Riskiert, ihn zu verlieren,
Den König samt dem Thron!
Drum lasset uns verstecken
In einer dunklen Ecken
Des Schachspiels Hauptperson!

— — —

Im Endspiel doch,
Sobald es geht,
Kommt aus dem Loch
Die Majestät.
Aber wissen Sie schon?
Fast klingt es wie Hohn:
Gleich geht der Patron
In Opposition!!

III. Weg und Raum für alle Steine

(Allerlei von Linien, Reihen und Diagonalen)

Wer den richtigen Weg finden will, muß das Gelände gut kennen. Er muß wissen, was es mit den (senkrechten) Linien, (waagerechten) Reihen, Diagonalen, Vorposten und anderen Bezeichnungen auf sich hat. Wir wollen ihm dazu mit bunten Bildern aus der Praxis behilflich sein.

Angriffe auf den Linien

Der Randbauer als Schrittmacher

Wir wissen, daß im Kampf König und Dame (oder auch König und Turm) gegen König der Gegner nur am Rande mattgesetzt werden kann, weil er hier in seiner natürlichen Beweglichkeit stark eingeschränkt ist. In der Mitte des Brettes müssen dem König 8 Felder genommen werden, am Rande 5 und in der Ecke gar nur 3. Der Rand kann auch für alle anderen Figuren ein schweres Hemmnis sein, besonders für den Springer, der nur in Ausnahmefällen am Rande etwas zu suchen hat.

Hier wollen wir jedoch eine andere Eigentümlichkeit der Randlinien festhalten: ihre strategische Bedeutung für den Aufrollungsangriff gegen die feindliche Rochadestellung.

(S. Bild rechts oben.)

Wir sehen hier ein typisches Bild: Weiß hat mit g3 die Angriffsmarke gegeben; der schwarze h-Bauer stößt vor, um durch hg3: die h-Linie zu öffnen und dadurch mit dem Turm gegen die weiße Königsstellung zu wirken. Wer eine solche „Aufrollung" im Auge hat,

Dr. Lachmann

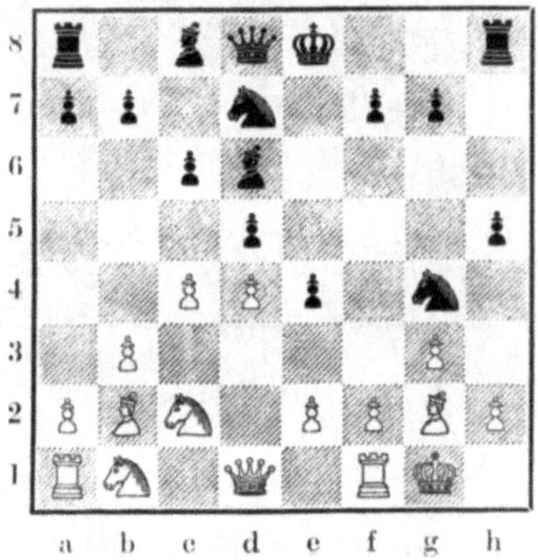

Reinhardt (Bad Elster 1936)

wird aufpassen daß ihr der Gegner nicht durch „Verschachtelung" entgeht. So müßte Schwarz hier überlegen, ob auf **1. . . . . h4** nicht die Antwort **2. h3** (Sgf6 3. g4! mit Verschachtelung) möglich ist. Er hätte aber auf 1. . . . . h4 2. h3 mit dem Opfer hg3:! bereits entscheidenden Angriff erlangt (3. hg4: Dh4). Der Führer der Schwarzen ging aber noch gewalttätiger zu Werke: er zog **1. . . . . Sh2:!,** um nach **2. Kh2:** mit **h4** desto sicherer zur ersehnten Öffnung der Randlinie zu kommen. (Weiß lehnte in der Partie das Opfer ab, erlag aber doch dem starken schwarzen Angriff.)

Derartige Aufrollungsangriffe sind natürlich auch bei der langen Rochade möglich.

N. N.

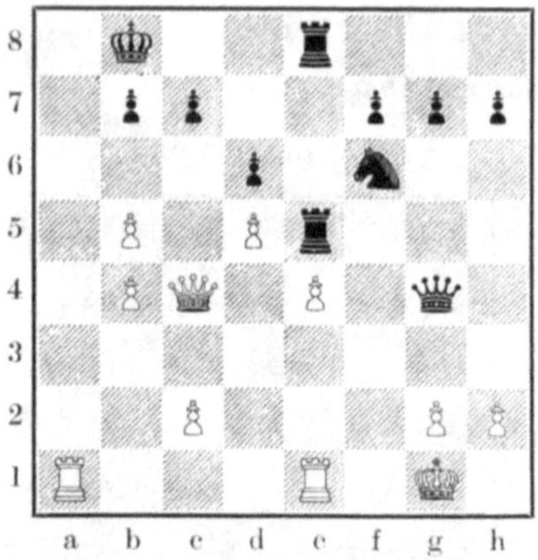

J. Scheibert (Penzig 1936)

(In dieser Stellung können wir uns eine andere Art der voraufgegangenen Aufrollung denken, und zwar durch ein Springeropfer auf b5, das Schwarz mit a6 × b5 annahm, worauf Weiß a4 × b5 antwortete.) Weiß siegte durch Ausnützung der offenen Randlinie **1. Ta8†! Ka8: 2. Dc7:**, und gegen **3. Ta1‡** ist kein Kraut gewachsen.

N. N.

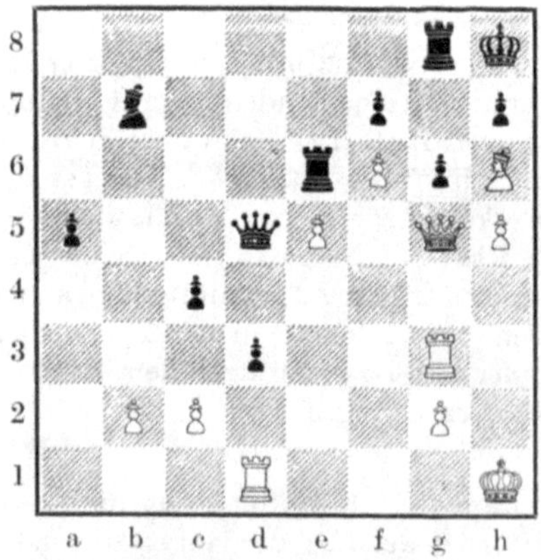

Rembe (Berlin 1909)

Sehr oft wird der Angriff auf der Randlinie mit einem solchen auf der danebenliegenden Linie kombiniert.

Weiß ist mit Dame und Turm zum Frontalangriff auf der g-Linie aufmarschiert, hat aber noch nichts erreicht. Nun soll der kleine Randbauer helfen. Weiß ersann eine hübsche Kombination **1. Lg7† Tg7: 2. Dh6! Tg8 3. hg6:!** (Öffnung der h-Linie!) **3. . . . . fg6:** (Auf Tg6 führt Df8† zum Matt. Unbedingt versuchen mußte Schwarz aber Dg2‡.) **4. Dh7‡!** (Endgültige Freilegung der h-Linie!) **4. . . . . Kh7: 5. Th3‡.**

Natürlich können auch die anderen Bauern beim Hinüberwechseln von einer Linie zur anderen wichtige Felder freimachen.

Tschechower

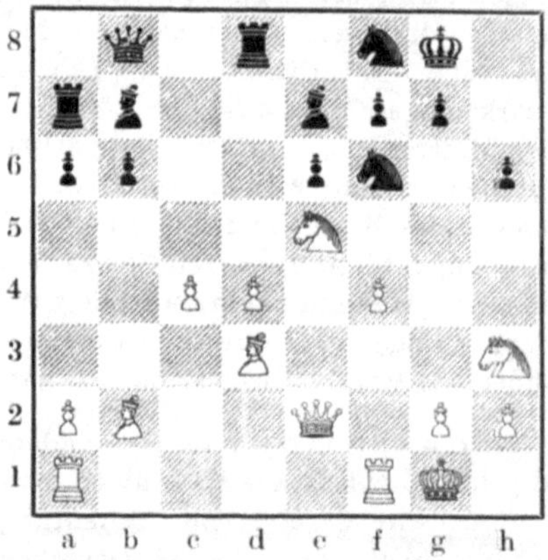

Botwinnik (Moskau 1935)

Der jetzige Weltmeister Botwinnik brachte hier den schwarzen König mit einer weitberechneten Kombination in ein unzerreißbares Mattnetz. **1. Sg5! hg5: 2. fg5:**. Damit ist die f-Linie zum Angriff auf f7 bloßgelegt. **2. . . . . S8 d7.** Schwarz ist deshalb mit der Rückgabe der Figur einverstanden. Aber Weiß opfert auch den zweiten Springer: **3.**

Sf7:! Kf7: 4. g6†! .... und läßt immer noch den Sf6 unbehelligt. Wichtiger ist ihm das Eindringen seiner Dame. **4. .... Kg8.** Sonst ist 5. De6: noch stärker. **5. De6:+ Kh8 6. Dh3+ Kg8 7. Lf5!** Droht Vernichtung durch 8. Le6+. **7. .... Sf8 8. Le6+ Se6: 9. De6:+ Kh8 10. Dh3+ Kg8.** Das witzige Intermezzo hat zum Abtausch des Sd7 geführt. Nun endlich hat die Stunde des Sf6 geschlagen. **11. Tf6:! Lf6:.** Falls gf6:, so 12. Dh7+ Kf8 13. Df7#. **12. Dh7+ Kf8 13. Te1!** Eingedenk des Lehrsatzes, daß der fluchtfeldverlegende Zug im Angriff meist stärker ist als das ständige Schachbieten. **13. .... Le5.** Das Einzige. Weiß lehnt jedoch das angebotene Damenopfer ab. **14. Dh8+! Ke7 15. Dg7:+ Kd6 16. De5:+ Kd7 17. Df5+ Ke6 18. d5+ Ke5 19. La3+ Ke4: 20. De4+ Ke3 21. Lb4+ Kb2 22. Db1#.** Eine klassische Kombination.

Auf der g-Linie

Wir sprachen eben von der g-Linie; diese kann auch allein Träger des Angriffs sein und wird immer dann besonders drohend, wenn sie mit einem Läuferangriff auf der großen Diagonalen a1—h8 verbunden ist.

Preuße

Brinckmann (Magdeburg 1927)

Der Keulenschlag **1. Df3** tötete Schwarz, der sofort die Partie aufgab. Weshalb? Nun, nach **1. .... Df3: 2. gf3:** entscheidet die g-Linie! Z. B. **2. .... Te8 3. Tg1† Kf8 4. Ld3** nebst **Lh7**, bzw. **2. .... Lf5 3. Tg1† Lg6 4. f4! Kh7 5. Ld3! Ld3: 6. Tg7†** nebst **Td3:** usw.

Zieht Schwarz aber auf **1. Df3** etwa **Te8**, so gewinnt **2. Tf4 Dh7 3. Ld3!**

Wir sahen hier als Träger der Kombination einen Brennpunktangriff von Läufer und Turm auf das Feld g7. (Diese Zusammenarbeit kann sich natürlich auch auf andere Objekte beziehen.) Es folgt noch ein typischer Fall für die Öffnung der g-Linie zum Frontalangriff der schweren Figuren.

Elstner

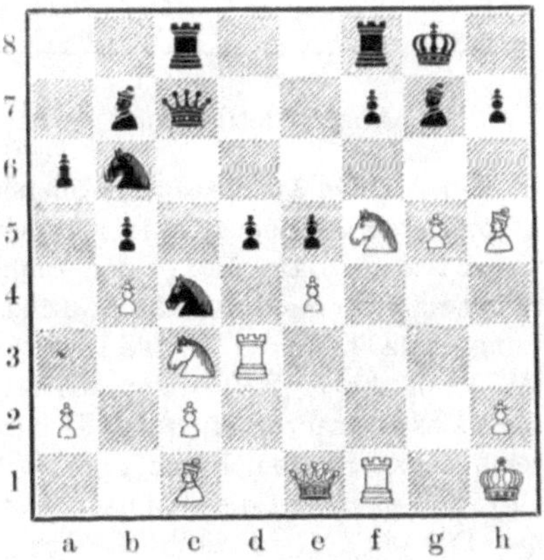

B. Koch (Aachen 1935)

1. Sh6†! Lh6:. (Nimmt Schwarz nicht, so dringt Weiß auf f7 ein.) **2. gh6:** (Schwarz ist nun gegen den Aufmarsch in der g-Linie wehrlos. Spielt er Kh8, so setzt Weiß mit Lg5! fort.) **2 . . . . f6 3. Tg3† Kh8 4. Tg7 Dc6 5. Dg3 Tc7.** (Es drohte Th7+ nebst Dg7‡. Falls Tg8, statt Tc7, so Lf7!) **6. Tg1!.** Ein imponierender Beweis der Macht der offenen Linie! Schwarz ist völlig verloren.

Kombinierte Angriffe auf den Linien

f- und e-Linie

N. N.

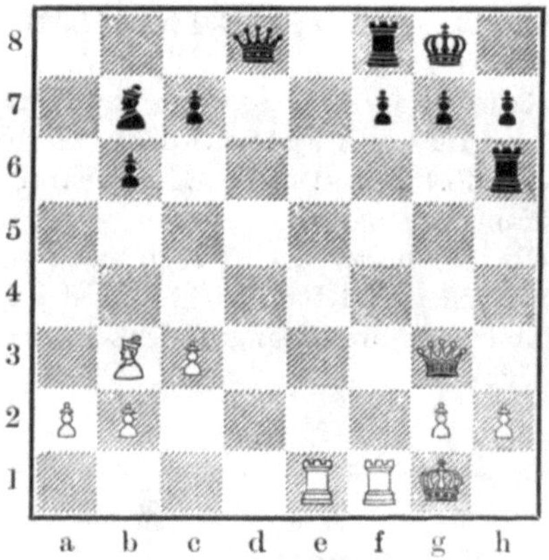

Ahues (Dresden 1914)

Beide weißen Türme auf der offenen e- bzw. halboffenen f-Linie in wirksamer Aktion, dazu Läufer und Dame in hebelartiger Stellung: die Entscheidung ist da. **1. Tf7:! Tf7:.** Die Idee von Weiß ist, die 8. Reihe von Schwarz schutzlos zu machen. **2. Dc7:!!** Das erreicht er mit diesem Prachtzug. Nach Dc7: **3.** Te8‡ siegt die e-Linie, ebenso bei Df8 **3.** Df7:†! Df7: **4.** Te8‡. Schwarz gab auf.

Ist die 8. Reihe ohne genügenden Schutz, so gewinnen die Linienangriffe an Kraft.

Den starken Druck auf der f- und g-Linie (in Verbindung mit dem gut postierten Lc5) suchte Schwarz durch Verdopplung auf der 7. Reihe entgegenzuwirken. Er will auf **1.** Tf5: mit Tdf7! sich entlasten. Aber die 8. Reihe hat dabei ihren Schutz eingebüßt, und so schlägt die weiße Freilegungskombination **1. Tgg4: fg4: 2. Tf8† Kg7 3. Tg8† Kg8: 4. Df8‡** durch. (Auf das doppelte Turmopfer war Weiß nicht wenig stolz. Ein weniger ehrgeiziger Spieler hätte indessen mit **1.** Tfg4:!, den anderen Turm zuerst opfernd, fg4: **2.** Df8‡ in zwei Zügen gewonnen!)

f- und g-Linie

J.

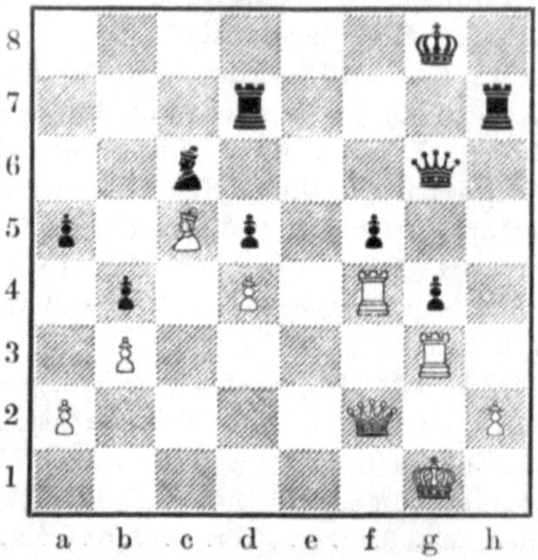

Kuhlmann (Berlin 1934)

(S. Bild auf nächster Seite.)

Hier ist Weiß mit seinen drei schweren Figuren auf den Linien f, g und h aufmarschiert. Die durch den Lg6 nur noch schwach verteidigte schwarze Königsstellung wurde nun im Sturm genommen: **1. Tg6:+! fg6: 2. Tf7†! Kf7: 3. Dh7:+ Ke6.** Bei Kf8 folgt 4. Sf4 mit der vernichtenden Drohung Sg6:‡. **4. Dg6:+ Ke5 5. Dg7+ Ke4:** Oder Ke6 6. Sf4‡. **6. Sf6+!** Die Pointe. **6. . . . . ef6:**

Wereschow

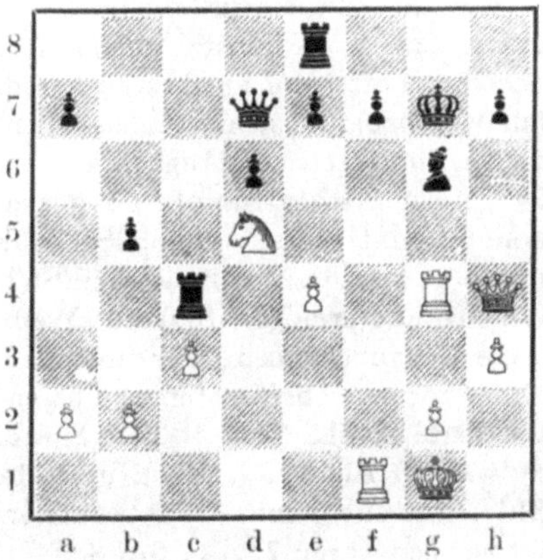

Ragosin (Moskau 1946)

7. Dd7: und Weiß gewann schließlich auf Grund seiner Mehrbauern. Eine glänzende Kombination!

Der Besitz der einzigen offenen Linie

Die schweren Figuren, das wissen wir nun schon, sind die Herrscher der offenen Linien. „Offen" ist eine Linie, wenn sich auf ihr weder ein eigener noch ein feindlicher Bauersmann befindet. (Die Anwesenheit von Figuren stört den offenen Charakter meist nicht.) Wenn von allen 8 Linien nur eine „offen" ist, so erlangt derjenige einen häufig entscheidenden Vorteil, der sie besetzt und beherrscht.

Die einzige offene Linie, die c-Linie, ist von Weiß in Besitz genommen und „ausgebaut" worden. Das heißt, Weiß ist mit einer schweren Figur auf die 7. Reihe des Gegners eingedrungen. Das ermöglicht in den meisten Fällen einen wirksamen Königsangriff. So folgte

Ritzheimer

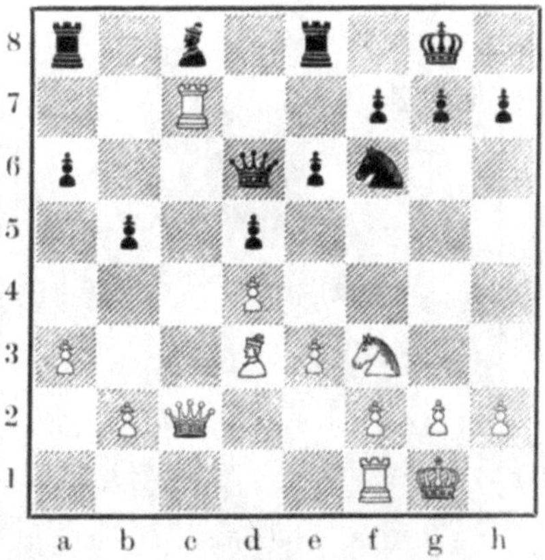

Mosetter (Heidelberg 1923)

hier **1. Se5! h6.** (Auf Tf8 geht ja Sf7:, da nach Tf7: der Lc8 einsteht; bei Ld7 käme Lh7+! Sh7: Td7:.) **2. Sf7: Df8 3. Lh7†!** (Eine hübsche Kombination erzwingt den Sieg!) **3. .... Sh7: 4. Sh6+! Kh8 5. Tf7 Dd6 6. Dg6 Df8** (Erzwungen, da g7 nicht anders zu decken ist. Damit ist die Entscheidung gefallen!) **7. Tf8+ Tf8: 8. Sf7† Kg8 9. Se5 Lb7?** (Schwarz zieht ein Ende mit Schrecken vor!) **10. De6+ Kh8 11. Sg6#.**

Ist es gelungen, die vom Gegner stark besetzte einzige offene (oder halboffene) Linie zu blockieren, so darf man sie ohne Not nicht wieder öffnen.

(S. Bild auf nächster Seite.)

Schwarz beging hier den lehrreichen Fehler, mit **1. .... Sd7?** die Blockade der c-Linie aufzugeben und auf Besetzung des Punktes e5 zu spielen. Weiß nutzte die unverhoffte Chance mit **2. La6!!** sehr überraschend aus; die Pointe ist nach Ta6: 3. Tc7: T6a7 das Damenopfer 4. Da7:!! usw. Deshalb versuchte Schwarz **2. .... Se5,** gab aber nach **3.**

G. Skarp

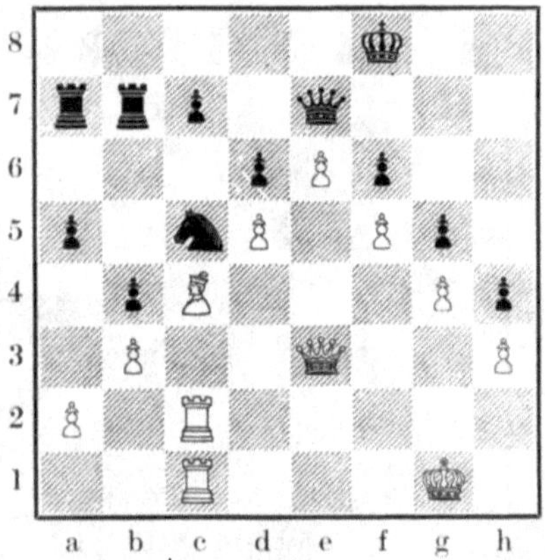

O. Karlin (Malmö 1943)

Lb7: Tb7: 4. De2 Dd8 5. Da6 auf. Ein schöner Durchbruch auf der einzigen halboffenen Linie, allerdings wesentlich gestützt durch den „Pfahl im Fleische" auf **e6**, den starken Vordermann einer Bauernkette.

Wenn der Gegner die einzige offene Linie beherrscht, so muß man sich bemühen, an einer anderen Stelle des Brettes selbst eine neue offene Linie

Rellstab

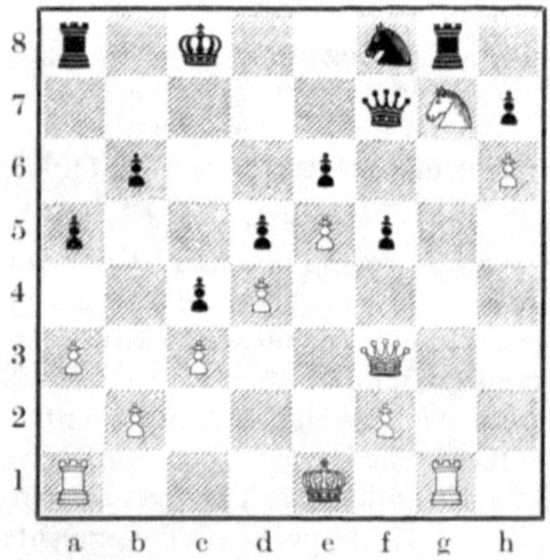

Kieninger (Oeynhausen 1938)

für die Dame und die Türme zu schaffen. Passives Verhalten muß verlieren!

Weiß hat die einzige offene Linie, die g-Linie, in Besitz genommen. Schwarz hätte nun am besten getan, mit Kc7 nebst b5 sich so aufzustellen, daß er im gegebenen Augenblick mit b4 einen Gegentrumpf ausspielen konnte. Statt dessen schloß Schwarz mit **1. . . . . Kd7 2. Kd2 a4?** die Stellung ab und ermöglichte damit Weiß, seine Gewinnchancen wahrzunehmen, ohne Störungen befürchten zu müssen. Es folgte **3. Sh5 Tg1: 4. Tg1: Sg6 5. Sf6† Kc6 6. Dh5 Th8 7. Tg5.** (Nun droht Sh7:, was zuvor mit Se5:! beantwortet worden wäre.) **7. . . . . De7 8. Tg6:!** (Der schnellste Weg zum Siege.) **8. . . . . hg6: 9. Dg6: Df8 10. Dg7 Kb5 11. Ke3 Dd8 12. h7 Kc6 13. Df7.** Schwarz gab hier den aussichtslosen Kampf auf. Weiß kann mit dem König in die schwarze Stellung hereinlaufen oder auch gelegentlich mit Sg8 nebst Dg7 fortsetzen. (Sofort 13. Sg8 spielte er nicht wegen 13. . . . . Th7:! 14. Dh7: Dg5†.)

Der rückständige Bauer auf der halboffenen Linie

Schütte (Berlin-Hamburg 1932)

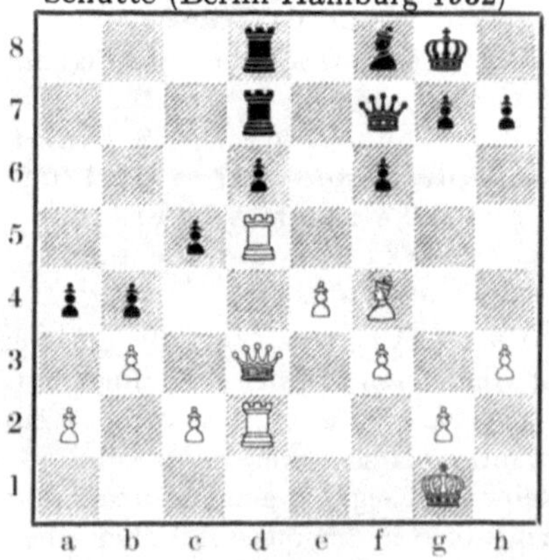

Dr. Dührssen

Ein dankbares Objekt für Angriffe ist der rückständige Bauer auf einer halboffenen Linie.

Der arme Bd6 muß den wuchtigen Angriff der ganzen weißen Armee aushalten! Er bindet alle eigenen Kräfte. Aber bindet er nicht auch die weißen? Nicht ganz; Weiß verfügt über eine tödliche Drohung. **1. Lc3!** Gegen Lc5: ist Schwarz nun wehrlos. Es folgte noch **1. . . . . ab3: 2. ab3: Tc8 3. Lc5:! Tb7 4. Ld6:,** und Schwarz gab auf.

Hüte dich vor dem rückständigen Bauern! Er macht dir nur Kummer und Sorgen. Wer aber schon einmal einen rückständigen Bauern auf seinem Schuldkonto hat, der sehe zu, daß auch der Gegner auf der gleichen Linie einen Bauern zu stehen bekommt. Dann ist die Linie geschlossen und ein Frontalangriff der schweren Figuren nicht möglich.

Der Minderheitsangriff

Wir sahen vorhin, wie die Aufrollungsstrategie auf der Randlinie Zwekken des direkten Königsangriffs diente. Diese Strategie ist aber auf anderen Linien auch anwendbar und kann ganz andere Ziele verfolgen. Ein markantes, oft vorkommendes Beispiel soll hier Platz finden: der sogenannte Minderheitsangriff.

(S. Bild rechts oben.)

Die Bauernstellung im Zentrum ist erstarrt, da Weiß nicht gut e4 und Schwarz nicht c5 vorbereiten kann, ohne daß der d-Bauer vereinzelt und damit schwach wird. Weiß kann sich aber bei sicherer Stellung eine gewisse Initiative verschaffen: er rochiert kurz und erkämpft durch Vorgehen der Bauern seines Damenflügels nach Bauerntausch neue Felder und Angriffsob-

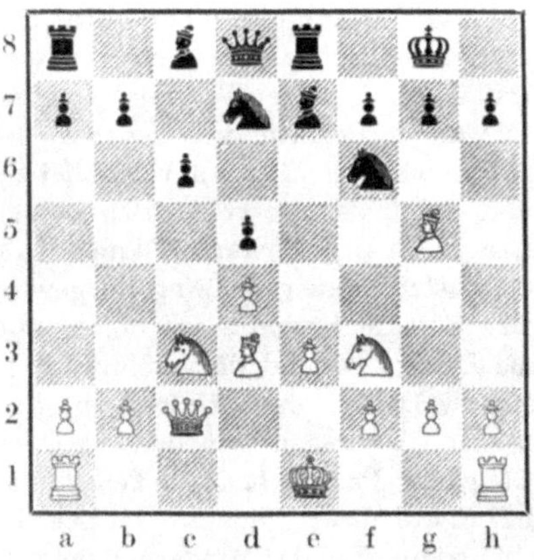

jekte. Es geschieht also nach geeigneter Vorbereitung b2—b4—b5, nötigenfalls unterstützt durch a2—a4. Weiß greift mit einer Minderheit — den Bauern b2 und a2 — die drei feindlichen Bauern a7, b7 und c6 an, mit der Absicht, sie zu schwächen.

In einer Partie Rellstab-Woog (Stuttgart 1939) gelangte dieser Plan von der Bildstellung aus zur Durchführung. Weiß konnte schließlich vorstehende Stellung erhalten:

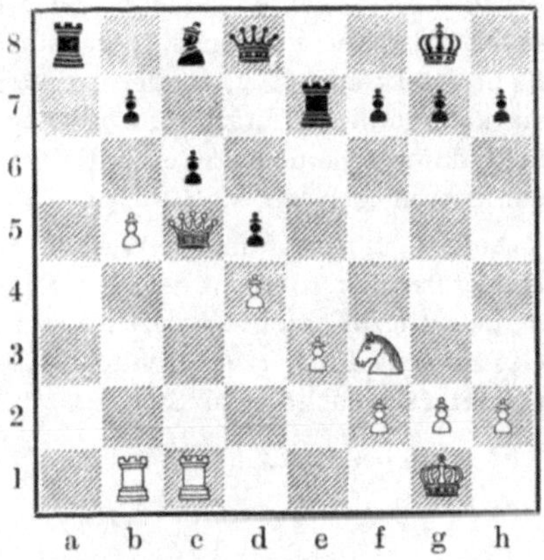

Diese Stellung gibt einen guten Begriff der durch einen Minderheitsangriff zu erreichenden Vorteile. Von den schwarzen Leichtfiguren ist nur der passivstehende Lc8 übriggeblieben, und durch das Vorgehen der weißen Bauern ist der schwarze Damenflügel Gegenstand dauernder Angriffe geworden. Schlägt Schwarz auf b5, so sind die Bauern b7 und d5 vereinzelt und auf die Dauer schlecht gleichzeitig zu decken. Verfolgen wir den weiteren Gang der Partie. **1. .... Te6 2. Se5 Ld7 3. bc6: Lc6:** (Nach 3. .... bc6: ist ein anderes Ziel des Minderheitsangriffes erreicht: der rückständige Bauer, der auf einer halboffenen Linie blokkiert ist.) **4. h3 Ta2 5. Ta1 Da8 6. Dc3 Ta1: 7. Ta1: De8 8. Ta7 g6?** (Mehr Gegenwehr war mit f6 möglich.) **9. Da5 Kg7 10. Ta8 De7 11. Tc8 Te5:** (Es drohte Tc7.) **12. de5: De5: 13. Dd8 Da1† 14. Kh2 De5† 15. f4.** Aufgegeben. (De3: 16. Dh8† Kh6 17. Df8† usw.)

Wir haben dabei beobachtet, daß der schwarze Turm zur Deckung von c6 nach e6 zog und damit die 8. Reihe schwächte, auf der später der Einbruch des Gegners erfolgte. So ist es bei so manchem Angriff; er führt nicht direkt zum Ziel, sondern bindet starke feindliche Kräfte und ermöglicht dann an einem anderen Punkte den entscheidenden Stoß.

Aber, Hand aufs Herz, lieber Schachfreund: so recht ist der Minderheitsangriff nicht nach unserem Geschmack! Eine frisch-fröhliche Königsattacke macht mehr Spaß.

Der Vorteil des Raumes

(Die Bedeutung der Reihen)

Grenzüberschreitung. Stützpunkte

Acht Reihen hat das Schachbrett; jedem der beiden Gegner stehen also zu Beginn einer Schachpartie sozusagen zunächst vier Reihen zur Verfügung. Es ist ein lohnenswertes Ziel, mit Bauern oder Figuren über diese „Grenze" hinauszukommen und im Lager des Gegners Stützpunkte zu errichten, die diesen in seiner Bewegungsfreiheit stark einengen. Das ist dann ein fruchtbarer Boden für Kombinationen! Auch im Endspiel spielt diese Frage des Bodengewinns eine große Rolle.

Sturm

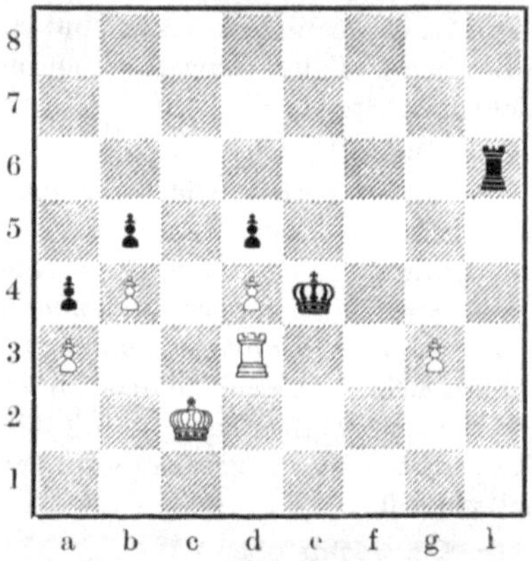

Kühner (Mannheim 1933/34)

Der schwarze König ist in das Lager von Weiß eingedrungen, hat also die Grenzreihe bereits überschritten. Auch der schwarze Ba4 wirkt hemmend auf die Bewegungsfreiheit von Weiß ein. Trotz seines Mehrbauern ist Weiß daher im Nachteil. Es folgte **1. .... Th2† 2. Td2** (Verliert, doch ist auch Kc3 Ta2! wenig erfreulich!) **2. ....**

Td2 ✠ 3. Kd2: Kf3!! (Die Pointe, die uns sicherlich überrascht. Nach Kd4:? würde Weiß mit dem entfernten Freibauern — siehe unser Bauernkapitel — gewinnen!!) 4. Kd3 Kg3: (So groß ist der Raumvorteil von Schwarz, daß er es sich erlauben kann, erst den „entfernten Freibauern" und dann auch noch den Bd4 zu vernichten, ohne daß Weiß ihn daran zu hindern vermag!) 5. Kd2 (Bei 5. Ke3 Kg4! dringt der schwarze König schließlich ebenfalls vor.) 5. . . . . Kf3 6. Kd3 Kf4, und der Bd4 fällt unweigerlich.

Kirchhammer

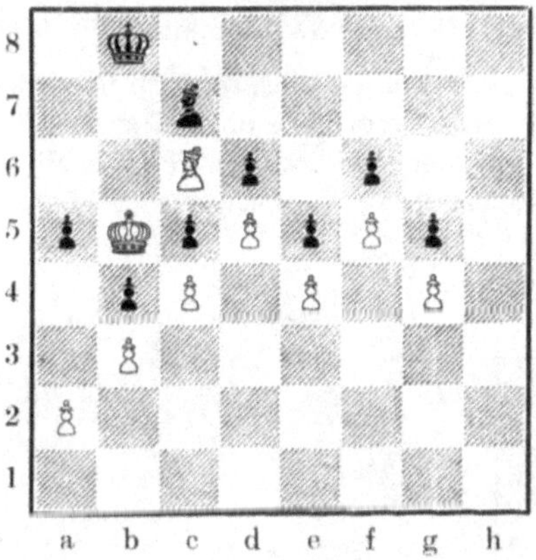

Hinne (Berlin 1948)

Wir sehen hier eine eigenartige ineinandergeschachtelte Bauernstellung, wobei Weiß das linke Einfallstor erobert und dann hinter sich zugeschlagen hat. Trotz des Raumvorteils von Weiß ist in Anbetracht des reduzierten Materials und der ungleichen Läufer die Remisgefahr groß. Die Partie endete denn auch nach 1. Le8? Kb7 2. Ld7 Ld8 3. Lc6† Kc7! 4. Ka5: Le7 unentschieden, weil der schwarze König zur Besetzung des kritischen Feldes c7 gekommen ist.

Mit dem verblüffenden Zuge 1. La8!! jedoch konnte sich Weiß ein neues Einfallstor schaffen und gewinnen, z. B. 1. . . . . Ka8: 2. Kc6 nebst Kd7—e7—f6 usw. Versucht Schwarz, mit 1. . . . . Kc8 2. Kc6 Kd8 das Tor zu hüten, so kommt er gleichwohl in Nachteil: 3. Lb7 Lb8 4. La6 Lc7 5. Kb7! Kd7 6. Lb5† Kd8 7. La4!, und der schwarze Läufer ist verloren. Auch das vorhergehende Bauernopfer a5—a4 mit Schaffung des Feldes a5 für den Läufer genügt nicht mehr. Diese instruktiven Abspiele zeigen den Vorteil des Raumes in solchen Endspielen.

Wenden wir uns nun dem Mittelspiel zu.

Lange

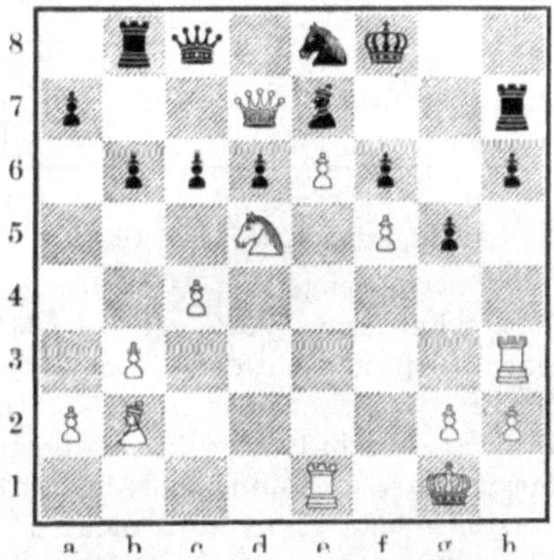

Engels (Barmen 1936)

Schwarz hat seine Figuren auf den untersten beiden Reihen versammelt und ist überhaupt nur mit dem Bg5 an die Grenze gelangt. Weiß dagegen — nun, das Bild spricht wohl für sich! Besonders der Stützpunkt e6 engt den Gegner ein. Mit 1. Th6:! Dd7: (Th6: 2. De7✠ Kg8 3. Df7† Kh8 4. Se7) 2. Th7:! beendete Weiß die Partie in hübscher Weise. Schwarz gab auf; nach 2. . . . . Dd8 gewinnt Weiß mit 3. Tf7† Kg8 4. Se7+ Kh8 5. Te3 g4 6. Te4 usw.

So möchten wir nicht verlieren! Deshalb verteidigen wir unseren Vierreihenraum gegen alle Eindringlinge und versuchen lieber selbst in das Lager des Gegners vorzustoßen.

v. d. Bosch

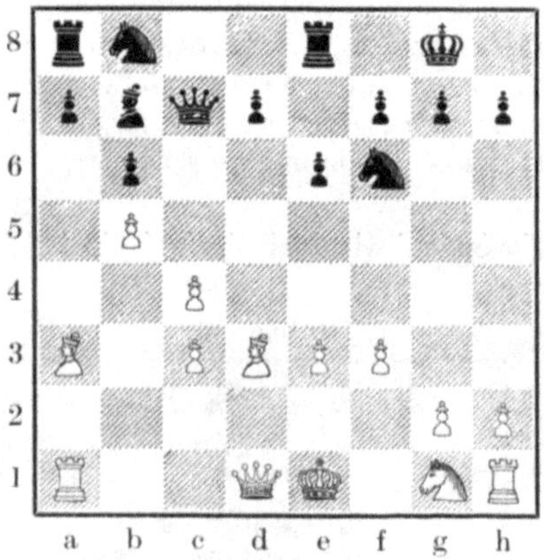

Weißgerber (Nauheim 1936)

Zu der einengenden Wirkung des Bb5 schuf sich Weiß mit **1. Ld6!** einen Vorposten auf der 6. Reihe des Gegners (Dd6: scheitert ja an Lh7+). Das war ein sehr lästiger Fremdkörper für Schwarz, der nun nicht den Bd7 vorstoßen und somit auch nicht den Sb8 entwickeln konnte. Die Partie ging denn auch schließlich verloren.

Es folgt zur Warnung für alle, die sich die Herrschaft über die ihnen eigentlich zustehenden vier Reihen entwinden lassen, ein groteskes Schlußbild. (S. Bild rechts oben.)

Schwarz gab auf; er ist bei vollem Brette so gut wie pattgesetzt!

Daß die Schädigungen durch den Raumverlust nicht immer so kraß zu-

Danielsson

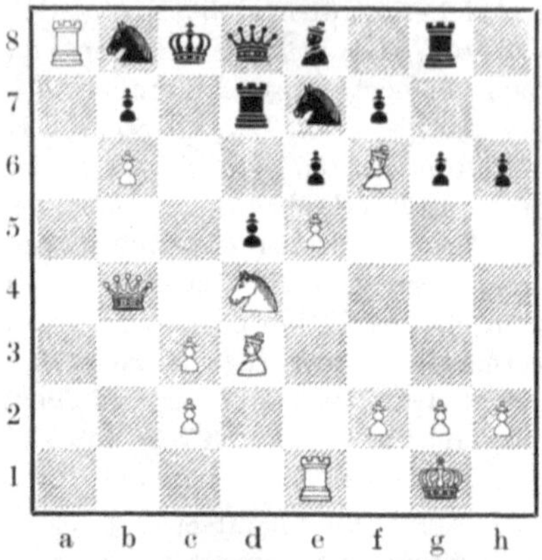

Bogoljubow (Zoppot 1935)

tage treten wie hier, sondern mitunter auch von großer Feinheit sind, beweist folgender Partieschluß, der eine Blokkadestellung von seltener Schönheit zeigt.

Sämisch

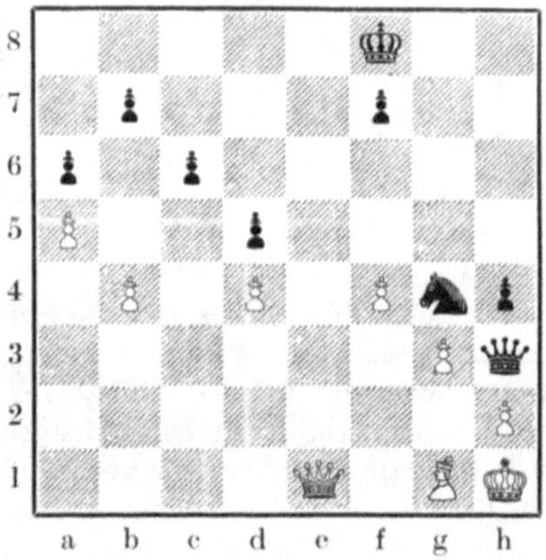

John (Berlin 1932)

Weiß kann nichts ziehen ohne sofortigen Verlust (z. B. 1. De2 hg3: 2. Dg2 Dg2+ 3. Kg2: gh2: 4. Lh2: Se3† nebst Sc2 usw.) Der einfache Abwartezug **1. . . . . Kg7!** hätte für

Schwarz entschieden, da **2. Dc7?** an **Sf2†!! 3. Lf2: Df1† 4. Lg1 Df3‡** scheitert! Sämisch sah in Zeitnot dieses hübsche Matt nicht, zog infolgedessen nicht 1. . . . . Kg7! und erreichte nur unentschieden.

Es ist sehr merkwürdig, daß bei dem geringen Figurenmaterial die in den weißen Raum eingedrungenen beiden schwarzen Figuren eine so lähmende Wirkung auszuüben vermögen.

In problemartiger Weise nutzte Weiß seinen Raumvorteil in dem nachstehenden Spiel aus.

L. Steiner

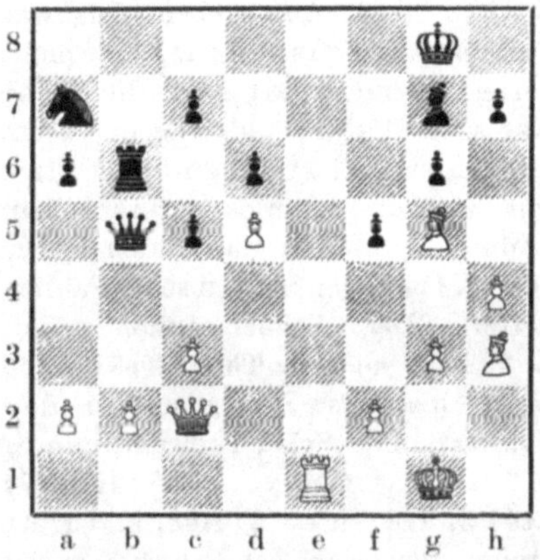

Przepiorka (Debreczen 1925)

Mit **1. Lf5:! gf5: 2. Df5: Tb8 3. Tc7** drangen sämtliche Figuren von Weiß in den Raum des Gegners ein, der den Hauptfehler begangen hatte, fast seine ganze Streitmacht an unwichtiger Stelle des Brettes („abseits") zu konzentrieren. **3. . . . . Tf8.** Auch er rettet den Freund nicht mehr. **4. Tg7:†! Kg7: 5. Lh6†!! Kh6: 6. Dg5‡.** Die Dame allein im feindlichen Raum . . .

Seitliche Angriffe auf den Reihen

Es ist von vornherein klar, daß seitliche Angriffe seltener sind als Frontalangriffe, weil seitliche Angriffe ein Eindringen in den Raum des Gegners mit schweren Figuren voraussetzen. Wir wiesen schon auf die 7. und 8. Reihe (bzw. 2. und 1.) hin, und in der Tat sind das die gefährdetsten Reihen, auf denen sich schon viele Schachtragödien abgespielt haben. Weshalb? Nun, weil diese beiden Reihen meist den Zugang zur Königsburg des Gegners bedeuten, und weil außerdem die Bauernmacht des Gegners wirksamen Angriffen auf ihrem Anfangsstand ausgesetzt ist.

E. J. Diemer

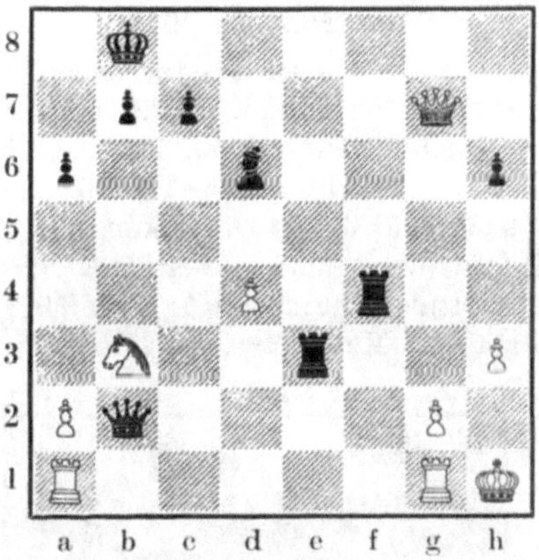

Müller (Baden-Baden 1937)

Schwarz ist mit der Dame auf die 2., Weiß auf die 7. Reihe eingedrungen. Aber auch die schwarzen Türme stehen in dem Raum von Weiß, während die weißen zur Passivität verurteilt sind. So brach hier die Katastrophe mit **1. . . . . Th3‡! 2. gh3: Dh2†!! 3. Kh2: Tf2†** (Doppelschach — der stärkste Angriff im Schach!) **4. Kh1 Th2‡** über Weiß herein.

Nicht ganz so elegant, aber nicht minder instruktiv erobert Schwarz nun das Feld h2.

Dr. Smith

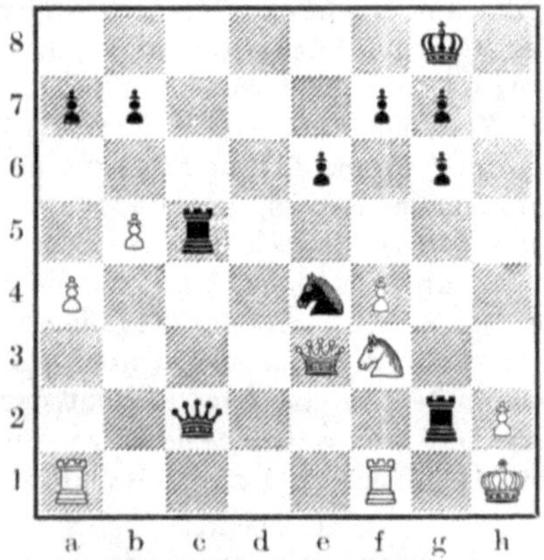

Ward (Hastings 1925)

Die 2. Reihe stark besetzt, dazu die 5. Reihe in Verbindung mit der h-Linie ermöglichte den schönen Mattschluß **1. . . . . Sg3†!** (Freilegung der h-Linie) **2. hg3: Th5† 3. Sh4** (Ablenkung . . . .) **Th4:†!** (. . . . und Beseitigung des schützenden Springers) **4. gh4: Th2†** (Finale!) **5. Kg1 Dg2‡**. Die 2. Reihe...

Menchik

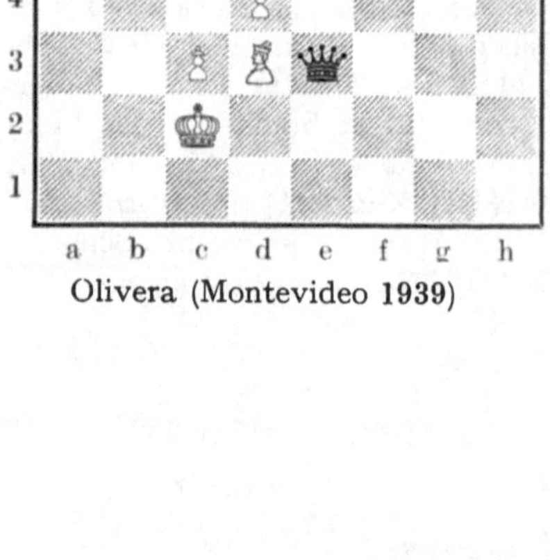

Olivera (Montevideo 1939)

Ein Schulbeispiel für die Bedeutung der 7. Reihe liefert der vorstehende Partieschluß.

Weiß ist mit Hilfe eines Figurenopfers mit Dame und beiden Türmen auf die 7. Reihe vorgedrungen — gewiß ein seltener Anblick! Es geschah **1. . . . . Df2† 2. Kb3 Kd8** (Jetzt möglich, weil Schwarz nach 3. Tb8‡, was sonst entscheiden würde — Tb8: 4. Td7‡ usw. —, mit Schach wiedernimmt!) **3. Ka3? Kc8! 4. Tb8‡** (Reicht nicht mehr aus.) **4. . . . . Tb8: 5. La6‡ Tb7 6. Td7:** (Auch Lb7‡ Kb7: ist nicht besser, da Schwarz mit Ta8† zum Gegenangriff zu kommen droht.) **6. . . . . Db2†.** Aufgegeben. Das war freilich für die Kraft der 7. Reihe nicht gerade überzeugend! Aber die Reihe war schuldlos; Schuld trug der Spieler, der sie nicht richtig nutzte. Statt mit 3. Ka3? ruhmlos unterzugehen, konnte er mit dem glänzenden Sperrzuge **3. Lb5!!** den Sieg an seine Fahnen heften. Der Schachfreund prüfe: **I. 3. . . . . ab5: 4. Tb8‡ Tb8:** (Bb5 wirkt hier als Sperrstein, so daß Schwarz ohne Schach wiedernimmt.) **5. Td7‡** usw. **II. 3. . . . . Lb5: 4. Tgc7: Lc4† 5. Tc4: dc4‡ 6. Ka3,** und trotz seiner Übermacht ist Schwarz gegen die beiden schweren Figuren von Weiß auf der 7. Reihe wehrlos! Ein womöglich noch eindrucksvolleres Bild ergibt sich in Variante **III. 3. . . . . Kc8 4. Ld7‡! Kb7: 5. Lc6†!!,** und **6. Tc7 :**(†) entscheidet in jedem Falle.—

Es folgt nun ein äußerst bewegter Partieschluß, in welchem Weiß zunächst das schwarze Herrscherpaar auf der 6. und 7. Reihe zum Kampf gestellt hat.

Rada

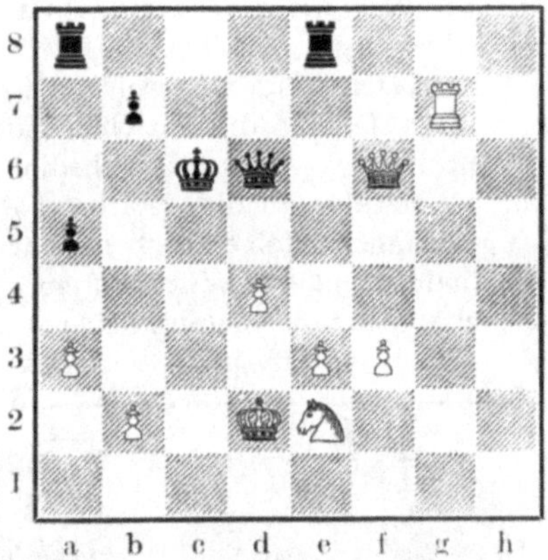

Podgorny (Mähr.-Ostrau 1939)

Wie geht es aber nun weiter? Zwar kann Weiß mit Dd6:† in ein wohl gewonnenes Endspiel (3 Bauern für die Qualität!) einlenken, aber vielleicht gibt es noch etwas Besseres. Und richtig! In fünf witzigen Zwischenzügen wird ein Turm erobert: **1. d5† Kd5:.** Bei Kc5 2. b4† usw. kommt es ähnlich. **2. Tg5†! Kc6† 3. Sd4†.** Kreuzschach wie im Problem! **Kd7 4. Tg7†.** Die vorletzte Pointe .... **Te7 5. Dd6:†** .... und die letzte. Da auf Kd6: **6.** Sf5† folgt, gab Schwarz auf. Auf offenen Reihen und Linien hat der König im Mittelspiel nichts zu suchen!

Die 8. (1.) Reihe ist der Schauplatz der gefürchteten Umgehungsangriffe, abgesehen von den zahlreichen Unglücksfällen, die das vergessene „Luftloch" mit sich bringt. Wenn die schweren Figuren des Feindes unseren König von der Grundreihe verjagen und ihn dann von hinten zu fassen vermögen, ist höchste Gefahr im Verzuge.

Weiß ist durch Tb2—b1! nebst Th1‡ tödlich bedroht. Mit **1. d6! T2b1** (Nach cd6: Sg5 mit Mattdrohung be-

K. Richter

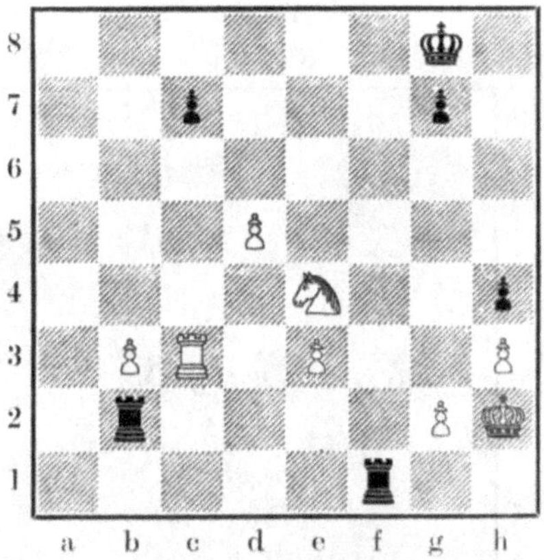

Kipke (Berlin 1939)

käme Weiß noch etwas Gegenspiel.) **2. Sf2!** machte er aber dem Gegner noch Schwierigkeiten. Bei Tf2: wird der Bauer eine Dame; bei cd6: Tc2! entsteht ein langwieriges Endspiel. Aber: **2. .... Tf2:!** Trotzdem! Die Mattdrohung auf der 1. Reihe ist so stark, daß Schwarz dem Gegner die Umwandlung des Freibauern gestattet. **3. dc7: T2f1 4. c8D† Kh7.** Weiß ist verloren; die Dame hat kein brauchbares Schachgebot, und das „Luftloch"(!) **5. g3 (5. g4)** scheitert an **5. .... Tf2‡.** (Vergleiche hierzu noch die Ausführungen zu „Schrecksekunde" im nächsten Abschnitt.)

Kreuz und Quer auf Weiß und Schwarz

Ebenso wichtig wie die Beherrschung der Linien und Reihen ist die Kontrolle über die Diagonalen, über die weißen und schwarzen Felder. Der Wert der Figuren läßt sich nicht nach allgemeinen schematischen Gesichtspunkten berechnen. Es kommt vor, daß ein Läufer wichtiger ist als ein

Turm, weil er eine entscheidende Diagonale schützt.

Rädisch

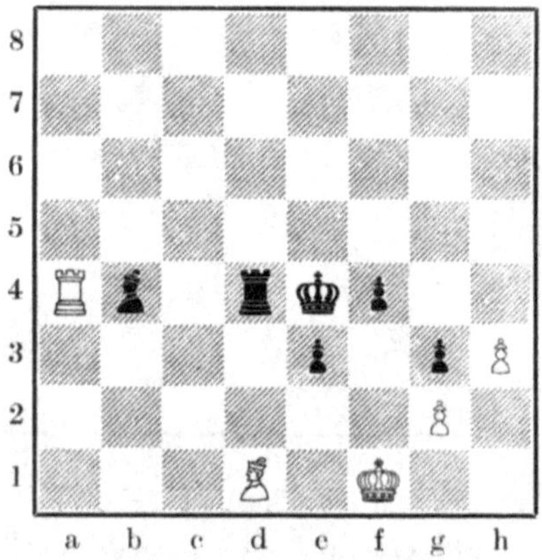

Menchik (Breslau 1929)

Weiß ist zwar materiell und räumlich im Nachteil, aber das Vorhandensein der ungleichen Läufer gibt ihm Remisaussichten. Vor allen Dingen ist der Vorstoß f4—f3 gehemmt. Es folgte **1. Ta1?** (Besser Le2!.) **1. . . . . Td1†!.** Er erkennt das Gebot der Stunde! Der Läufer verschwindet, und der an seine Stelle tretende Turm, der Beherrscher der geraden Linien, ist auf der Diagonalen hilflos, so daß der Vorstoß f3 entscheidet. **2. Td1: f3! 3. gf3:† Kf3: 4. Td3 Lc1!!.** Eine feine Idee sichert den Sieg. Auf Ke1: läuft der g-Bauer in die Dame; es droht aber g2† nebst Lf2†. **5. Kg1 Lf2† 6. Kh1 g2†.** Aufgegeben. Sieg des Läufers über den Turm! Der Besitz strategisch wichtiger Linien ist viel mehr wert als das Material an sich. Hierüber wurde schon unter „Tauschwerte" und „Die schrägen Figuren" einiges gesagt; ebenso ist auf die Bedeutung der Läuferdiagonalen schon oft (auch mit Beispielen) hingewiesen worden. Wir können uns daher hier mit ein paar Worten über den Wert der weißen und schwarzen Felder begnügen.

Die Herrschaft über die weißen bzw. schwarzen Felder (die entscheidende Bedeutung gewinnen kann) ist bedingt durch Bauernketten, die in solchen Fällen gewöhnlich infolge falscher Anlage den eindringenden feindlichen Figuren keinen Widerstand bieten können.

H. H. Ohms

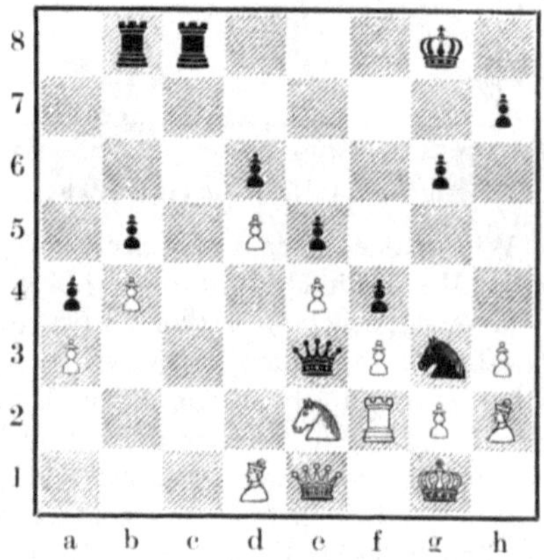

N. N. (Bremen 1936)

Weiß hat zwei Figuren für einen Turm — aber seine Lage ist beklagenswert! Das macht seine Ohnmacht auf den schwarzen Feldern. Die Diagonale a7—g1 ist fest in den Händen des Gegners; sämtliche weißen Bauern, die sie schützten, sind aufgezogen. Schwarz hat aber noch mehr Trümpfe: Die einzige offene Linie, den Vorposten auf g3 (den Weiß nicht einmal abtauschen darf) und die Fesselung des Tf2 bzw. des Se2. Auf **1. h4** antwortete Schwarz sarkastisch **1. . . . . h5** und überließ es nun Weiß, noch einen Zug zu finden. (Es gibt keinen!!) So erteilte er Weiß eine bittere Lektion über die Bedeutung der schwarzen Felder.

Nicht ganz so offensichtlich zeigt sich uns nun die Stärke der schwarzen Felder, die der Schachfreund erst bei näherem Eindringen in die Position klar erkennt.

Dr. Eliasstamm

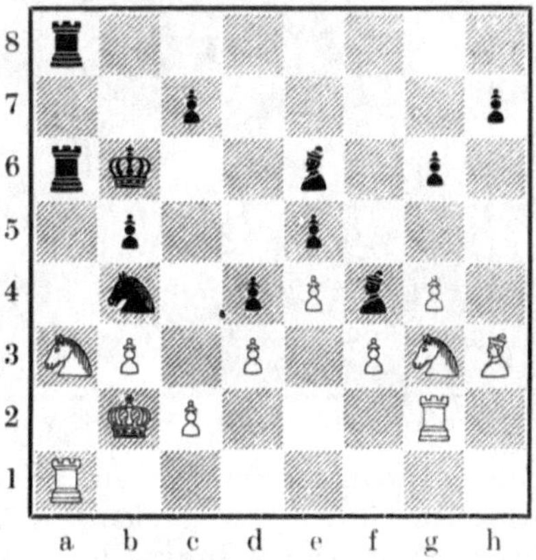

Nimzowitsch (Riga 1910)

Schwarz siegt auf den schwarzen Feldern — das macht, weil niemand da ist, der dem Lf4 erfolgreich Widerpart zu bieten vermöchte. Zunächst droht sehr schön **1.** . . . . Ta3:! **2.** Ta3: Ta3: **3.** Ka3: Lc1† **4.** Kb4: c5‡. Mit **1. Se2** glaubte Weiß die Drohung beseitigt und zugleich eine kleine Falle gestellt zu haben. Jedoch **Ld2! 2. Sd4:** (die Falle!) **Ta3:!** (. . . . und ihre Widerlegung!) **3. Ta3: Ta3:! 4. Ka3:.** Oder 4. Se6: Ta2† 5. Kb1 Lc3! usw. **4. . . . . Lc1† 5. Kb4: c5† 6. Kc3 b4‡.** Das hübsche schwarzfeldrige Echo zu dem Bauernmatt auf c5 in der Drohung.

Einen lehrreichen Fall, durch Aufzug zu vieler Bauern eine wichtige weiße Diagonale entscheidend zu schwächen, bietet das Damengambit. Nach **1. d4 d5 2. c4 dc4: 3. e3!** (Nicht e4! Weiß hält sich die weißen Linien offen!) **3. . . . . b5?** (Der Versuch, den gewonnenen Bauern zu behaupten, endet mit einer Katastrophe) **4. a4 c6? 5. ab5: cb5:** entsteht folgende Stellung:

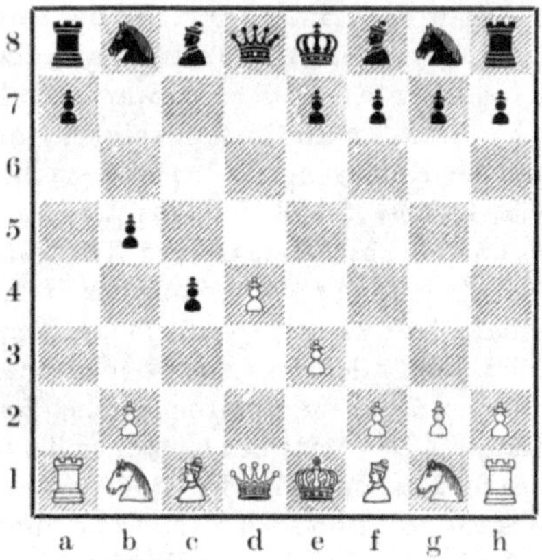

6. Df3! Die Diagonale a8—h1, bar jeden Bauernschutzes, wird Schwarz zum Verhängnis. Um nicht den Ta8 zu verlieren, muß er den Läufer oder Springer geben.

Bei ungleichen Läufern im Mittelspiel (im Endspiel haben wir sie bereits betrachtet) kommt es sehr darauf an, auf welchen Diagonalen sie wirken.

E.

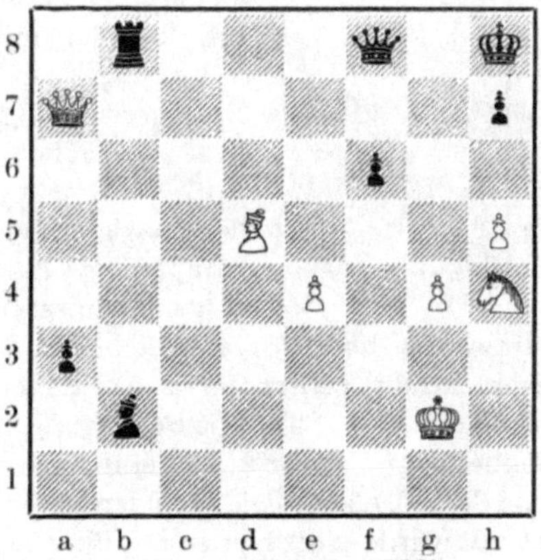

Dr. Thelen (Berlin 1939)

Wer die besseren Diagonalen beherrscht, ist im Vorteil, da sie ihm der gegnerische andersfarbige Läufer nicht streitig machen kann.

Der weiße Läufer wirkt auf der weißen Diagonalen a2—g8 stark gegen den feindlichen König. Sein schwarzer Kollege würde im Endspiel gut stehen; gegen den Königsangriff aber ist er machtlos. **1. Sg6†!! hg6: 2. hg6:.** Obgleich nunmehr um einen ganzen Turm im Nachteil, bleibt Weiß dank der Herrschaft über wichtige weiße Felder siegreich (und allerdings auch dank seiner auf der 7. Reihe glänzend stehenden Dame!). Das Matt auf h7 läßt sich nur durch **2. . . . . Dg7** oder **Dh6** decken, worauf **3. Db8+** die Entscheidung bringt. Ein sehr schöner Partieschluß!

Ein Kampfmoment aus der Partie, das der Sicherung bzw. Eroberung bestimmter Felder dient, mag jetzt folgen.

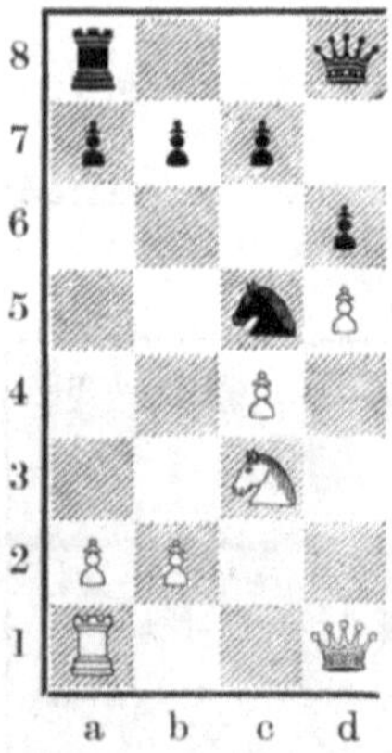

Schwarz möchte sich die starke Springerstellung auf c5 sichern und schützt deshalb das Feld b4 durch **1. . . . . a5** (um b2—b4 mit Verjagung des Springers unmöglich zu machen). Will Weiß trotzdem dagegen ankämpfen, so darf er (gemäß unseren Hinweisen über Vorgehen einer Bauernmehrheit) nicht sofort 2. a3? ziehen (es käme 2. . . . . a4! mit Festlegung!), sondern muß zuvor **2. b3!** einschalten und dann 3. a3 nebst 4. b4 folgen lassen. Damit würde er die Herrschaft über das schwarze Feld c5 zurückgewinnen.

Sehr stark ist auch ein Feld (besonders im Zentrum), das sich vor einem vereinzelten feindlichen Bauern befindet.

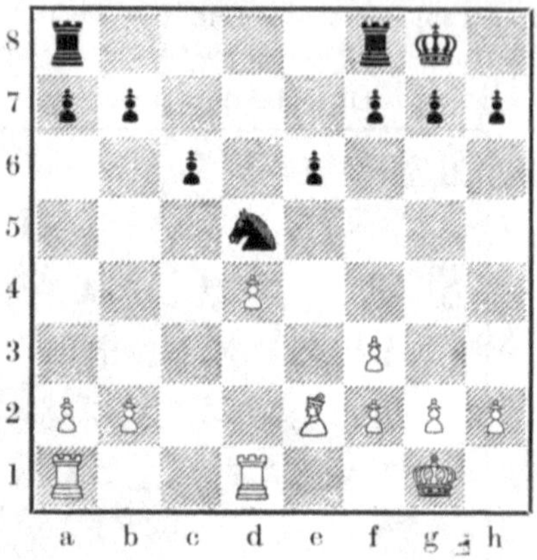

Hier thront der Springer, einen vereinzelten feindlichen Bauern blokkierend, unangreifbar für das weiße Fußvolk. Das ist stets ein idealer Posten für den Springer! Wir schließen daraus, daß der vereinzelte Bauer zwar schwach, noch schwächer aber das Feld vor ihm ist, weil es eine glänzende Figurenbasis für den Gegner bedeutet. Auf **1. Lc4** müßte Schwarz **1. . . . . Tad8** (oder **Tfd8**) antworten, um auf **2. Ld5:** mit dem Turm wieder nehmen zu können und so zur Frontalwirkung gegen den vereinzelten weißen Bauern zu kommen. Was für den rückständigen Bauern gilt (siehe dort), hat auch beim vereinzelten Bauern seine Richtigkeit: auf der Linie solcher geschwächten feindlichen Bauern soll möglichst kein eigener Bauer stehen! Er würde einen direkten Angriff auf der Linie unmöglich machen.

Man kann sich auch solche Springerfelder vor einem vereinzelten feindlichen Bauern durch Opfer schaffen und ihre strategische Wirkung ausnutzen.

Spielmann

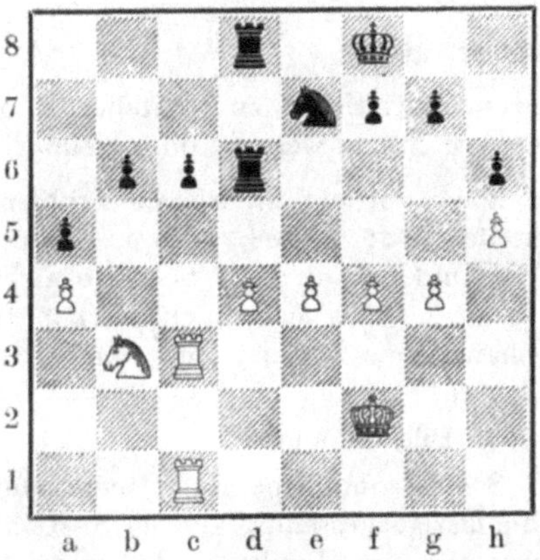

Bogoljubow (8. Wettpartie, 1932)

Sofort **1. e5?** würde Schwarz das starke Figurenfeld d5 und damit genügend Gegenspiel lassen. Das hübsche Bauernopfer **1. d5!! cd5:** jedoch und nun erst **2. e5! T6d7 3. Sd4 Tb8 4. f5** sicherte Weiß ein weit überlegenes Spiel (das Springerfeld vor dem isolierten Bauern!) Allerdings wurde die Partie nach einem späteren Fehler von Weiß nur unentschieden, doch kann man die Strategie nicht dafür verantwortlich machen, wenn die Taktik versagt: (**4. . . . . T7 d8 5. T1c2 Te8 6. Ke3 Tbc8 7. Sb5.** Der Springer sollte seinen Posten nicht verlassen. Besser Tc7 oder Kd3. **7. . . . . Tc3:† 8. Tc3: Sf5:†!** Schwarz macht sich die Entfernung des Sd4 zunutze. **9. gf5: Te5:† 10. Kf4 Te4† 11. Kg3 Ta4: 12. f6.** Immer noch bot Tc7 einige Aussichten. **Tc4! 13. Te3 Te4 14. Tc3 Tc4.** Remis).

Werfen wir nun noch einmal einen kleinen Blick auf das Endspiel. Schwarz droht mit Sb2† nebst a1D zu gewinnen; hat Weiß noch eine Rettung? Denken wir an die auf S. 31 wiedergegebene Stellung mit dem Hinweis, daß ein Springer kein Tempo gewinnen kann, und opfern wir ruhig den Läufer: **1. La1!! Ka1: 2. Kc2!,** und Schwarz kommt nicht aus der Einsperrung heraus! Oder **1. La1!! Sb2† 2. Kd2 Ka1: 3. Kc1!,** ebenfalls mit Remisschluß. Eine überraschende Idee, die der rechtzeitig erkennen wird, der die Technik beherrscht. In dieser Hinsicht ist auch das folgende Schlußspiel bemerkenswert.

(Nach S. Loyd)

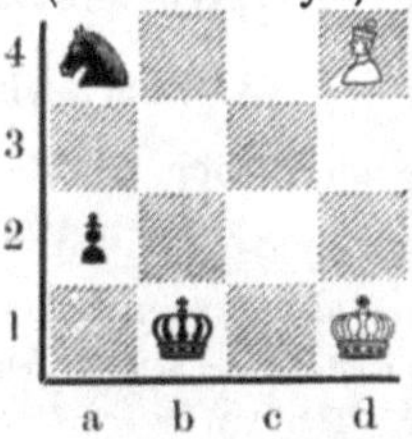

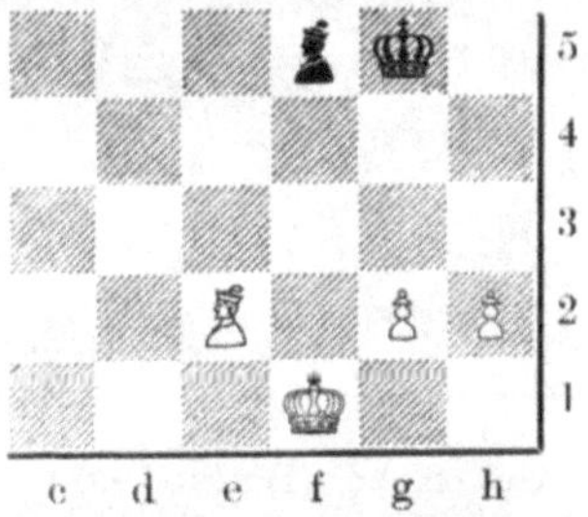

Zwei verbundene Freibauern — Weiß muß also gewinnen. Aber erinnern wir uns, daß Randbauer und „falscher" Läufer nicht gewinnen können. Mithin: **1. . . . . Lh3!!,** mit Überlenkung in ein Remisendspiel, entweder **2. gh3:** oder **2. Kf2 Lg2: 3. Kg2:,** und der schwarze König wandert in die Remisecke h8. So geht es kreuz und quer auf Schwarz und Weiß — mal so, mal so.

Wer den Sieg will finden,
Muß den Weg ergründen,
Braucht zum guten Ende
Kenntnis vom Gelände.
Linie, Reihe, Schräge
Sind des Schachspiels Wege.
Auf Feldern schwarz und weiß
Winkt heißen Kampfes Preis!

IV. Warnungstafeln auf dem Wege

Alphabetisches Fehlerregister

(Wobei unter „Fehler" auch allerlei lehrreiche Irrtümer zu verstehen sind. Der Lernende soll vor typischen Reinfällen geschützt werden; ob es gelingt?)

Abzugsangriff — nicht ausgenützt

Zu den häufigsten Kombinationen im Schach zählt der Abzugsangriff. Seine Technik muß der Lernende unbedingt beherrschen.

Lehmann

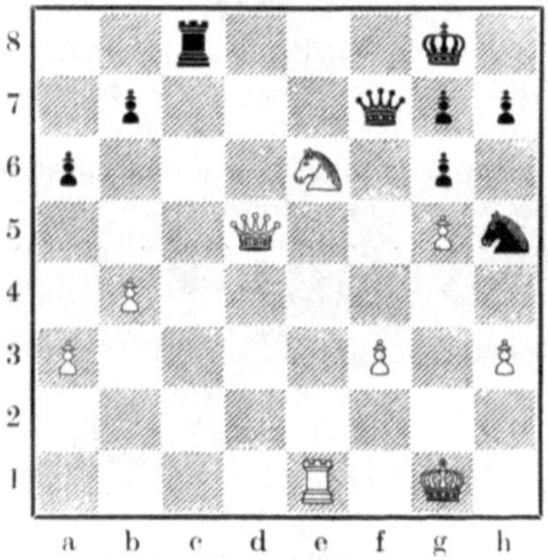

Graetschel (Berlin 1938)

Hier konnte Weiß mit **1. Sd8!** mit dem Springer „abziehen" und den Gegner vor ein unlösbares Problem stellen (Dd5: 2. Te8‡). Er spielte anders und gewann auch; aber wie leicht kann eine solche nicht erkannte Chance den Verlust der Partie bedeuten!

(S. Bild links unten.)

Schwarz hat eine Figur mehr, nur die lästige Fesselung auf der 8. Reihe und der weiße Freibauer stören etwas. Mit Hilfe des Abzugsangriffes konnte er aber alle Schwierigkeiten sofort beheben: **1. . . . . Dg2+ : 2. Kg2 : Lb7†!** (Abzugsangriff!) **3. Kf2 Tc8 :.** Hinterher ganz einfach! — Er spielte aber 1. . . . . Dg6? und erreichte später nur Unentschieden.

Dünhaupt

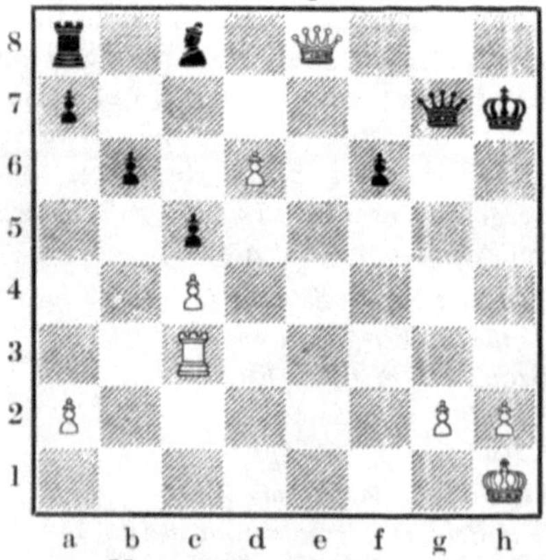

Kropp (Hameln 1934)

Angriff vor vollendeter Entwicklung

Zu frühe Angriffe mit unzureichenden Kräften scheitern meist; der Gegner hat es dann leicht, im Gegenstoß zu siegen. Hier sehen wir den Schlußakt einer solchen Tragödie.

Steinkohl

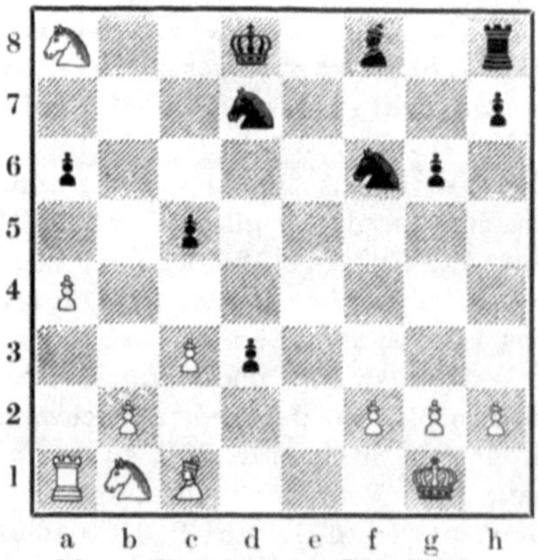

Menz (Frankfurt a. M. 1938)

Weiß hatte im zu frühen Angriff zwar einen Bauern erobert, aber dafür viel tauschen und die Entwicklung vernachlässigen müssen. Es folgte **1. . . . . Ld6 2. a5** (Um dem Sa8 ein Rückzugsfeld zu schaffen.) **2. . . . . Te8! 3. Ld2 Te2** (Nun droht sowohl Se4 als auch Lf4.) **4. f3 c4 5. h4** (Das kleinere Übel war Sb6.) **5. . . . . Sc5 6. Lg5 Te1† 7. Kf2 d2!! 8. Lf6† Ke8 9. Sd2: Sd3‡!.** Wie ein Unwetter kam der schwarze Gegenangriff über Weiß!

Aufgegeben?

Der größte Fehler ist der, eine Partie aufzugeben, die zu halten war oder gar gewonnen werden konnte.

Malzahn

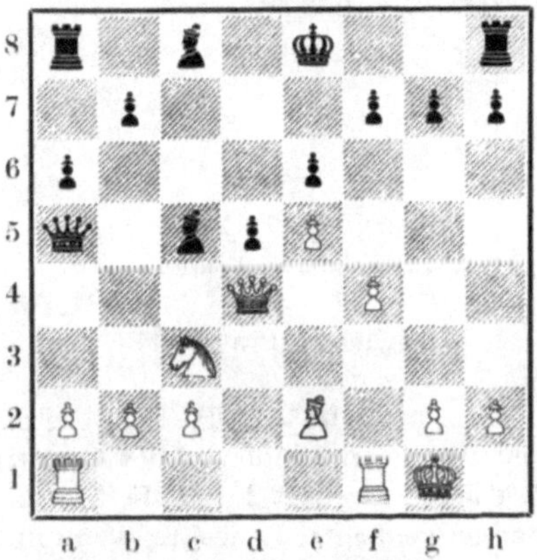

Harms (Lüneburg 1935)

Wegen der Fesselung der Dame verzweifelnd, gab Weiß die Partie auf!! Dabei hätte er mit **1. Lb5†!!** (Unterbrechung der Damenwirkung.) **1. . . . . Db5:** (Auch ab5: Dc5: ist recht freundlich für Weiß!) **2. Sb5: Ld4:† 3. Sd4:** das bessere Endspiel erlangen können.

Da die Df4 stillhalten muß (sonst Dh2:‡), gab Weiß auf, nachdem auch sein letzter Versuch Ld3×h7† mit Kg8—h8 abgewehrt worden war. Dabei hätte gerade dieser Versuch, richtig

Dr. Zimmer

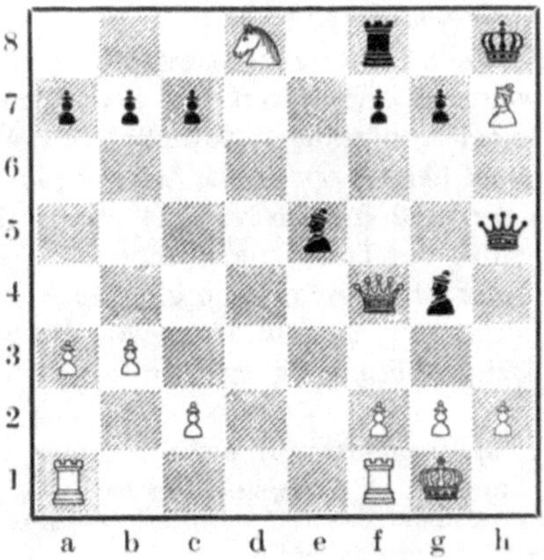

Urban (Karbitz 1924)

fortgeführt, ihm den Sieg bringen können: **1. Lg6!!,** und nun ist Schwarz an der Reihe, zu verzweifeln (Dg6: **2.** De5:, bzw. fg6: **2.** Df8:† usw., oder Lf4: **2.** Lh5: Lh5: **3.** Sb7: usw.) Eigentlich ganz einfach!

Aufreißen der Königsstellung

Das Ideal ist, die Bauernstellung vor dem König möglichst intakt zu halten und höchstens ein Luftloch zu schaffen. Zwei Möglichkeiten gibt es, diese Stellung zu schädigen: 1. die Zulassung eines isolierten Doppelbauern (z. B. bei der o—o von Schwarz die Bauernformation f7—f6—h7) und 2. den Vorstoß mehrerer Bauern zu Angriffszwecken, der leicht ins Gegenteil

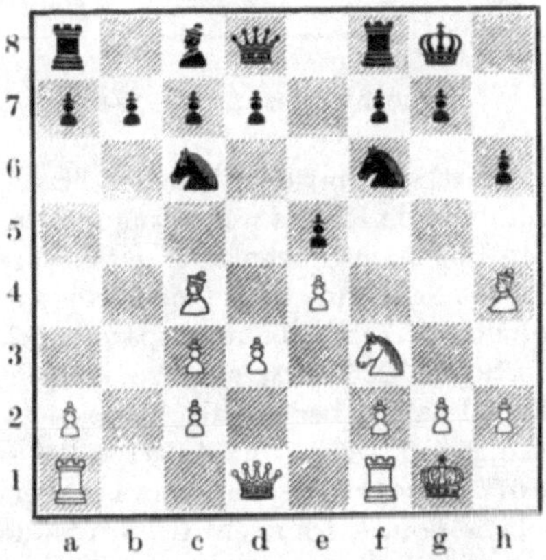

umschlagen kann. Ein kluger Spieler wird beides zu vermeiden trachten! Für den zweiten Fall ein lehrreiches Beispiel.

Wenn Schwarz hier, statt sich mit d6 weiter zu entwickeln, mit **1. . . . . g5?** seinen Königsflügel „aufreißt", so kann Weiß bereits opfern: **2. Sg5:! hg5: 3. Lg5:,** und die Drohung f4 mit Freilegung der Turmlinie entscheidet. Das Opfer ist typisch, kann aber auch oft falsch sein. Es muß daher von Fall zu Fall genau überlegt werden.

Bauerngewinn in der Eröffnung

Der alte, oft hervorgehobene Fehler, vor vollendeter Entwicklung auf Bauernraub auszugehen, muß hier noch Platz finden.

Bubenik

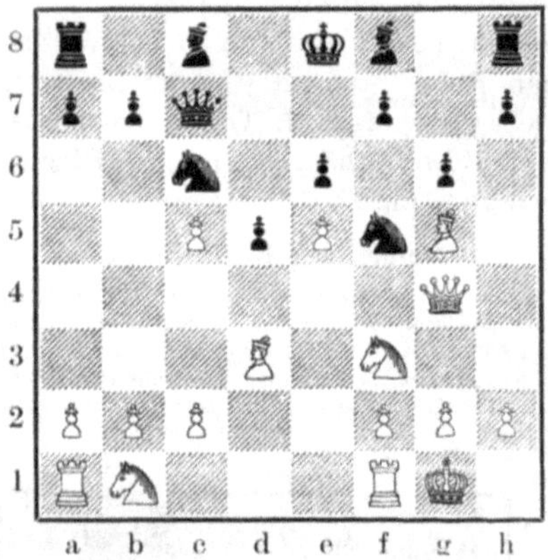

Podgorny (Fernpartie 1940)

Statt sich mit dem Wiederschlagen des ihm von Rechts wegen zukommenden Bc5 zu begnügen, spielte Schwarz **1. . . . . Se5:?** und hoffte, neben diesem wichtigen Zentralbauern später auch noch den Bc5 verspeisen zu können Er fiel dabei aber gewaltig herein! Es kam **2. Se5: De5: 3. Lb5† Ld7 4. Ld7+ Kd7: 5. Da4†!** Die von Schwarz übersehene Pointe Da nach Kc7 **6.** Lf4 die Dame verloren ist und auch auf Kc8 6. Lf4 (abgesehen von 6. De8†) geschehen kann, gab Schwarz auf.

Betrogener Betrüger

Wer andern eine Grube gräbt ... Die Beispiele, daß eine Falle im Schach in verkehrter Richtung zuschnappt, sind zahlreich. Drum prüfe sorgfältig, ehe du den Gegner aufs Glatteis lockst!

N. N.

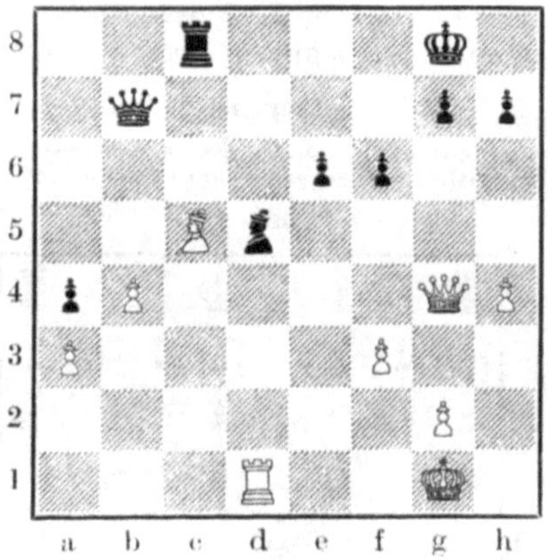

Klieber (Prag 1935)

Mit **1. . . . . Db5?** hoffte Schwarz auf den folgenden „Fehlzug" des Gegners **2. Td5:,** den er mit **2. . . . . f5!?** auszunutzen gedachte. Er wollte, wenn nun die weiße Dame zieht, den Td5 einkassieren. Es kam aber zu seinem nicht geringen Schrecken **3. Dg7+!! Kg7: 4. Ld4†** nebst **5. Tb5:.** Statt eine Qualität zu gewinnen, hatte Schwarz eine Figur verloren! (Die Kombination erinnert an die im zweiten Beispiel zum Abzugsangriff wiedergegebene.)

Dauerschach

Eine beliebte Rettung aus verzweifelter Lage bildet das Dauerschach. Wer besser steht, achte daher darauf, daß der Gegner ihn nicht mit einem Dauerschach um die Frucht seiner Mühen betrügt

Buckenhaupt

a b c d e f g h

Sonneck (Ludwigshafen 1936)

Schwarz hat das Läuferpaar und eine gute Stellung; mit dem verdächtigen Zuge **1. .... h5** leistete er aber gar nichts. Weiß benutzte die Gelegenheit, mit **2. Sf6†! gf6: 3. Dh5:** ein Dauerschach herbeizuführen. Schwarz ist nämlich gegen die Schachs auf der g- und h-Linie wehrlos! Eine eigenartige Stellung.

Doppelangriff

Dr. Euwe

a b c d e f g h

Bogoljubow (Zandvoort 1936)

Sehr oft führt ein Doppelangriff zu materiellem Gewinn und zur Entscheidung der Partie. Trotz seiner Häufigkeit gibt es immer wieder Spieler, die einen Doppelangriff übersehen. Auch Meister sind dagegen nicht gefeit!

Statt Sa2—b4 zu spielen, hatte Schwarz mit Tb8×Bb5? einen lehrreichen Fehler begangen. Der Doppelangriff **1. Ta2:! La2: 2. Da4!** (bedroht La2 und Tb5) brachte Weiß materiellen Vorteil und den Sieg. Wenn schon einem Exweltmeister solche Versehen unterlaufen, können wir sie uns getrost auch erlauben!

Besonderes Unheil hat stets der Doppelangriff des Springers angerichtet. Hier ein typisches Bild.

Magergut

a b c d e f g h

Simagin (Moskau 1947)

Auch hier hatte Schwarz wieder einmal nicht mit dem folgenden Scheinopfer und anschließendem „Familienschach" des Springers gerechnet. Es geschah **1. Td7:! Td7: 2. Dd7:! Dd7: 3. Sf6+** nebst **4. Sd7:**, und Weiß hatte eine Figur gewonnen. Eine alltägliche Geschichte.

Falsches Schachbieten

Im Höhepunkt des Angriffs bringt meist ein stiller Zug weit sicherer die Entscheidung als fortwährendes Schachbieten. Dem feindlichen König ein Fluchtfeld abzuschneiden ist wichtiger als ihn ständig zu bedrohen! Einen einfachen Fall zeigt das folgende von W v Holzhausen beobachtete Schlußspiel

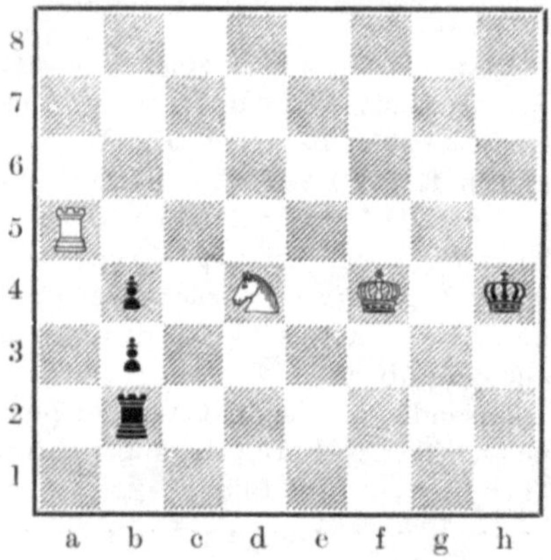

Weiß machte sich ein Vergnügen daraus, mit **1. Sf3† Kh3 2. Th5† Kg2 3. Th2† Kf1** den schwarzen Herrscher vor sich her zu treiben, um zu spät zu erkennen, daß **4. Tb2:** nicht zum Siege, sondern zu einem schmählichen Patt führt Dabei hätte nach **1. Sf3† Kh3** der stille Zug **2. Tg5!** ein undeckbares Matt auf g3 gedroht In diesem Falle freilich kam die Erkenntnis zu spät!

Figuren am falschen Platze

Im Schachspiel ist es wichtig, an einer entscheidenden Stelle mit einer Übermacht an Kräften zu erscheinen Nicht das Material an sich entscheidet, sondern seine geeignete Verwendung! (S Bild rechts oben)

Hier stehen Dame und Läufer von Schwarz entschieden an falscher Stelle, auch der Sc8 übt nur geringe Wirkung aus So ist es schließlich kein Wunder, wenn der schwarze König dem Ansturm der weißen Hauptmacht erliegt. **1. .... d5.** Schwarz hielt die Gelegenheit für günstig, den rückständigen Bauern vorzustoßen Auf 2. ed6 : i. V. soll f5 folgen Es gibt aber eine Überraschung **2. Sf6†! gf6: 3. Lh7+!.** Die-

v d Grevel

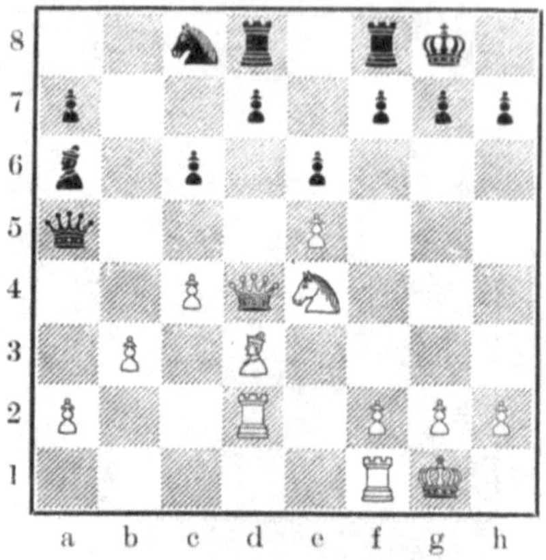

Nyssen (Amsterdam 1939)

ses glänzende doppelte Figurenopfer kennzeichnet die Ohnmacht der schwarzen Stellung, die schwarzen Hauptfiguren stehen weit vom Schuß **3. .... Kh7:** (Kh8, Dh4) **4. Dh4† Kg6** (Oder Kg8 5 Dg4† Kh8 6 Td3) **5. Df6+ Kh5 6. Td4.** Aufgegeben.

Fingerfehler

Daß die Hand es manchmal anders tut, als der Kopf beschließt, ist eine der menschlichen Schwächen im Schach Das witzigste Beispiel ist wohl das folgende

Vor langen Jahren wollte Weiß in einem Turnier nach **1. e4 d5 2. ed5: Dd5:** die Dd1 ziehen, berührte aber versehentlich den Ke1 Nach der strengen Regel „Berührt, geführt" mußte er mit dem König einen Zug ausführen, so daß die schadenfrohen Kiebitze die Tragödie **3. Ke2 De4+!** erlebten

Unerklärlicher sind die Fingerfehler, die kein offenbares Versehen darstellen, sondern dem Spieler hinterher selbst als Rätsel erscheinen

Frühzeitiger Damenausfall

Der Hauptfehler des Anfängers ist es, die Dame zu früh ins Spiel zu bringen Daraus ergeben sich dann Katastrophen wie die folgende

(Spieler unbekannt.)

1. d4 d5 2. c4 Lf5 3. Db3 (Besser Sc3.) **3. . . . . dc4: 4. Db5†.** (Weiß will den Läufer zurückzwingen oder, nach Dd7 5. Db7: Dc6, zum Damentausch kommen. Es folgt aber eine Überraschung.) **4. . . . . Sc6! 5. Df5:? Sd4:!** (Die Pointe! Die weiße Dame muß das Matt auf c2 bewachen.) **6. Dc4 Sf6.** Hier das traurige Schlußbild:

Weiß hat nur die Wahl zwischen Matt oder Damenverlust.

Frühzeitige Läuferentwicklung

Stüdemann

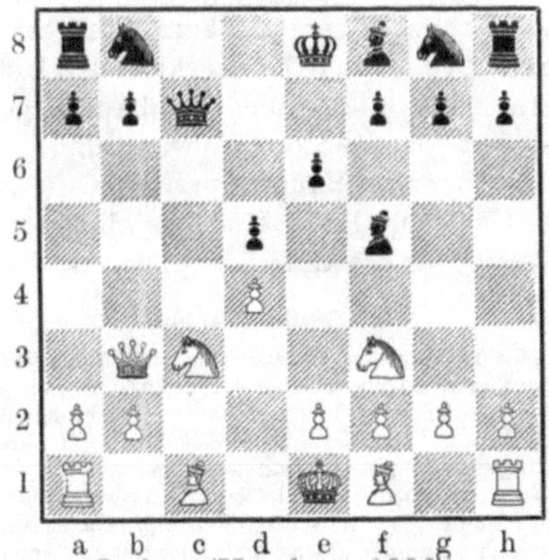

Rodatz (Hamburg 1936)

Daß aber auch die zu frühe Entwicklung des Läufers fehlerhaft sein kann und Gefahren mit sich bringt, sei an Hand der vorstehenden Stellung erörtert.

Schwarz hatte den Lc8 nach f5 entwickelt, um ihn nicht durch e7—e6 einsperren zu müssen. So einfach ist das Problem des Damenläufers im Damengambit aber nicht zu lösen! Das Fehlen des Läufers am Damenflügel nutzte Weiß wie folgt aus: **1. Lf4!** (Um auf Df4: mit 2. Db7: den Ta8 zu erobern. Hier ist das frühzeitige Ins-Spiel-Kommen der weißen Dame wohl berechtigt, weil es zu sofortiger Entscheidung führt. Keine Regel darf im Schach schematisch angewendet werden!) **1. . . . . Dd7?** (Besser Db6 oder Dc8, obwohl Weiß auch dann überlegen steht. Jetzt folgt ein drastischer Überfall!) **2. Lb8:! Tb8: 3. e4!!.** Greift den Lf5 an und droht durch Lb5 Damengewinn. Auch eine Art Doppelangriff, gegen den es keine ausreichende Verteidigung gibt. Schwarz versuchte noch **3. . . . . de4: 4. Lb5 ef3: 5. Ld7+ Kd7:,** verlor aber schnell.

Gefahren der Fesselung

Lundin

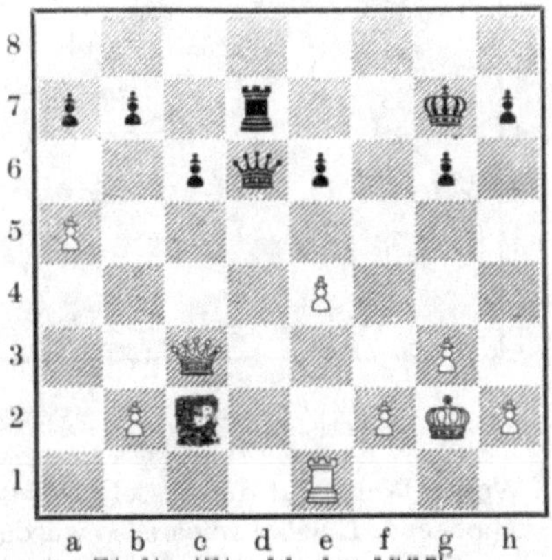

Stoltz (Stockholm 1935)

Ehe sich der Schachfreund in eine Fesselung begibt, halte er weit und breit Umschau, ob sie ihm nicht sofort verhängnisvoll werden kann. Einer der häufigsten mit der Fesselung zusammenhängenden Fehler ist der folgende.

Mit **1. .... Dd4?** begab sich Schwarz in eine tödliche Fesselung, wie nach **2. Td1!** offenbar wurde. Bei **2. .... Dc3:** käme erst der Zwischenzug **3. Td7+.**

Daß die Fesselung aber auch dem Fesselnden Verderben bringen kann, beweist unter anderem das „Seekadettenmatt" (so genannt nach der gleichnamigen Operette, in der diese Partie mit lebenden Figuren zur Aufführung kam): **1. e4 e5 2. Sf3 d6 3. Lc4 h6** (Besser Le7.) **4. Sc3 Lg4?** (Eine Fesselung, die keine ist!) **5. Se5:! Ld1:** (de5: hätte nur einen Bauern gekostet.) **6. Lf7+ Ke7 7. Sd5#.** Diese Wendung kehrt in vielen Abwandlungen wieder.

Noch eine nicht genügend feste Fesselung zeigt das folgende Bild.

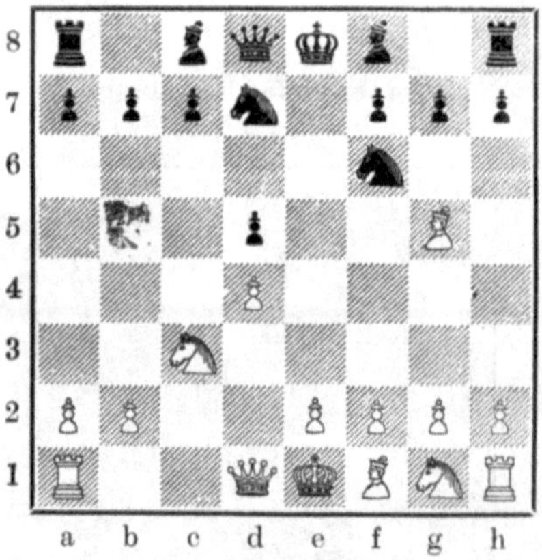

(Theoretische Variante)

Wollte Weiß, auf die Fesselung des Sf6 pochend, **1. Sd5:?** spielen, so würde er mit **1. .... Sd5:! 2. Ld8: Lb4†! 3. Dd2** (Zähneknirschend!) **Ld2:† 4. Kd2: Kd8:** eine Figur einbüßen.

Gekünsteltes Spiel

Einfach und klar sei stets die Parole des Schachspielers. Wer nach Verwicklungen strebt, wenn sich ihm ein ganz einfacher Gewinnweg darbietet, „künstelt" und fällt dabei ganz zu recht öfters herein.

S. Hart

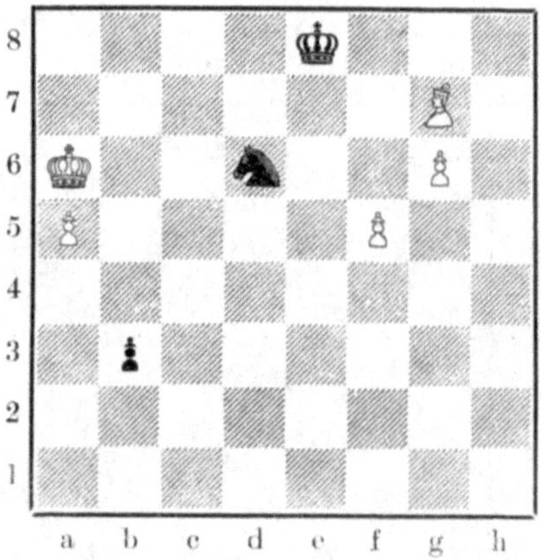

G. ter Braake (Amsterdam 1940)

Mit 1. Lc3 Sf5: 2. Kb6 usw. konnte Weiß leicht gewinnen. Er sah aber eine Kombination — und folgte der Verlockung. **1. f6?** Die Idee ist, auf 1. .... b2 mit 2. f7† die Diagonale des Lg7 wieder zu öffnen. Es kam aber ganz anders! **1. .... Sf7!!** Blockiert den Bf6. Nun sind alle weißen Freibauern gestoppt, dagegen die Umwandlung des schwarzen b-Bauern gesichert. (Auf 2. Lh8 folgt Kf8!) Und das alles, weil Weiß „für die Galerie" spielen wollte!

Gespensterfurcht

In der Hitze des Kampfes wird der Schachspieler manchmal von allerlei Sorgen und Ängsten geplagt, die sich hinterher bei nüchterner Betrachtung als gänzlich unbegründet herausstellen. Er hatte also „Gespenster" gesehen, und wieder einmal war ein Gewinn verschenkt oder ein Remis nicht wahrgenommen worden. Der Ratschlag, die Gespenster zu verscheuchen und den gesunden Menschenverstand sprechen zu lassen, ist billig und — praktisch wertlos.

Weiß

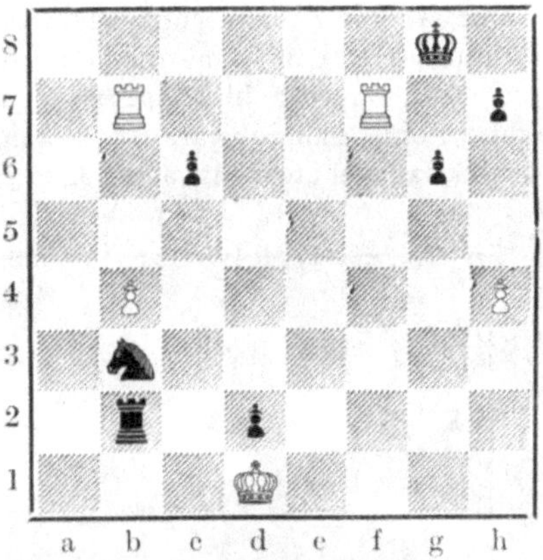

Schallopp (Graz 1880)

Infolge der allerdings beängstigenden Drohung Tb1† nebst d1D† usw. hielt es Weiß für das beste, mit den Türmen Dauerschach zu geben. Ein kaltblütiges Abwägen der beiderseitigen Chancen hätte ihn aber wohl die Fortsetzung **1. Tfd7! Tb1† 2. Kc2 Tc1† 3. Kb2!** finden lassen, die leicht gewonnen hätte, da **d1D?** sich wegen **4. Tb8+** verbietet. Ein schnell zerstobener Gespensterspuk!

Schlage

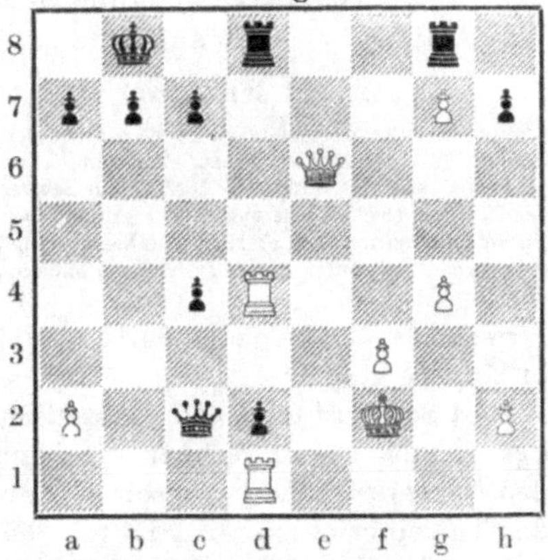

Prokes (Prag 1914)

Mit Te4—d4 hatte Weiß in seiner Verzweiflung noch eine letzte Falle gestellt; aber was eben Verzweiflung war, sah Schwarz als große Kombination an – und bekam es mit der Angst zu tun. **1. . . . . Tde8?** Nun stand Weiß groß da: **2. De8:†! Te8: 3. T1d2: Dd2:.** Erzwungen. **4. Td2: b5 5. Td5 Kb7 6. Tb5:† Kc6 7. Tf5 Tg8 8. Tf7 c3 9. Ke2!** (Nicht Ke3? Td8!) Schwarz gab auf.

Hätte Schwarz sich nicht gefürchtet, sondern unbefangen mit **1. . . . . Dd1:!** fortgesetzt, so wäre der Sieg sein gewesen: **2. Td8:† Td8: 3. g8D De1† 4. Kg2!** Fürwahr eine ungemütliche Situation für Schwarz. Jedoch: **4. . . . . Dh4!!** Ebenso einfach wie stark. Schwarz gewinnt. Wieder ein Kolumbusei.

Hängestellung der Figuren

Wenn Figuren nicht gut geschützt sind, sondern „in der Luft hängen", d. h. durch Abzugsangriffe und Schachgebote bedroht sind, dann haben wir einen fruchtbaren Boden für Kombinationen. Deshalb ist es fehlerhaft, die Figuren in solche Stellungen hineinzumanövrieren.

Lokvenc

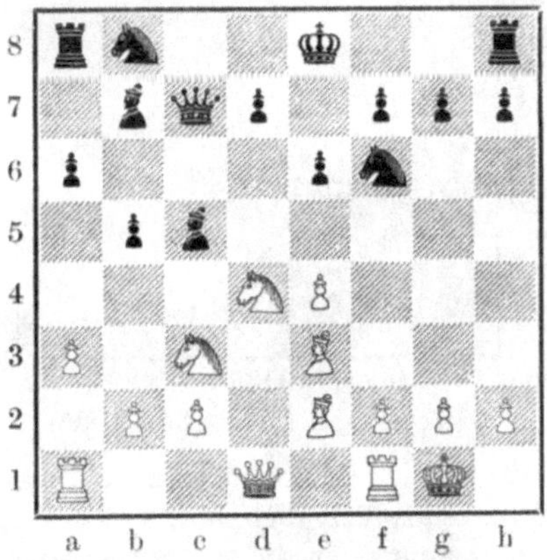

Michel (Oeynhausen 1939)

Mit **1. Sdb5:!** wurde Schwarz dafür bestraft, daß er seine Läufer gefährdete Posten einnehmen ließ, bevor die Sicherstellung des Königs durchgeführt war. Es geschah **1. .... ab5: 2. Sb5: Dc6 3. Lc5: Dc5: 4. Sd6†.** (Die Pointe. Der Lb7 ist verloren.) **4. .... Ke7 5. Sb7: Dc7.** (Sollte sich Weiß verrechnet haben? Ist der Sb7 verloren?) **6. e5!** (Nein! Ein Ersatzkorps rückt heran.) **6. .... De5:.** (Aussichtslos wäre auch Db7: ef6+.) **7. b4.** Damit ist der Rückzug des Sb7 über a5 oder c5 gesichert. Weiß behielt einen gesunden Mehrbauern und gewann langsam, aber sicher.

Hineinziehungsopfer

Merkwürdig oft werden im Schach „Hineinziehungsopfer" übersehen, bei denen es sich in den meisten Fällen darum handelt, eine Figur in ein tödliches Schach oder einen tödlichen Doppelangriff hineinzutreiben. Ist es der König, dem das Opfer gilt, so kann dem Opfer auch ein stiller, das Mattnetz schließender Zug folgen.

Dr. Vidmar

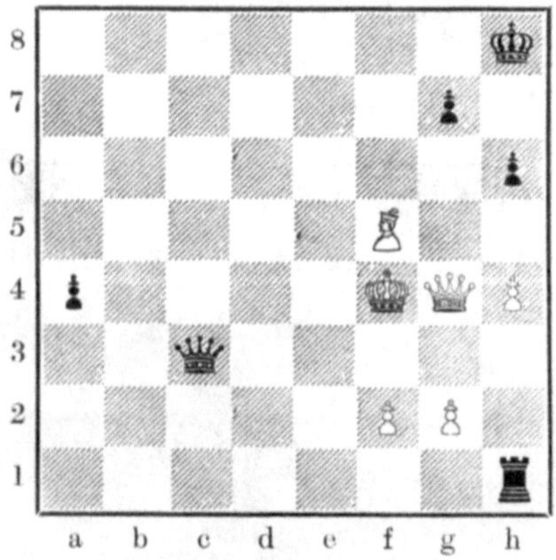

Silbermann (Warschau 1935)

Mit 1. .... Dd4† gewann Schwarz zwar schließlich auch, aber mit **1. .... Th4:!** konnte er die feindliche Dame in die tödliche Gabel **2. Dh4: g5†!** hineinziehen und damit den Kampf sofort beenden.

In dem folgenden Schlußspiel gewinnt Weiß durch ein schönes Hineinziehungsopfer der Dame die notwendige Zeit, seinen Schlußangriff vorzutragen, ohne daß Schwarz mit störenden Schachgeboten aufwarten kann.

Kottnauer

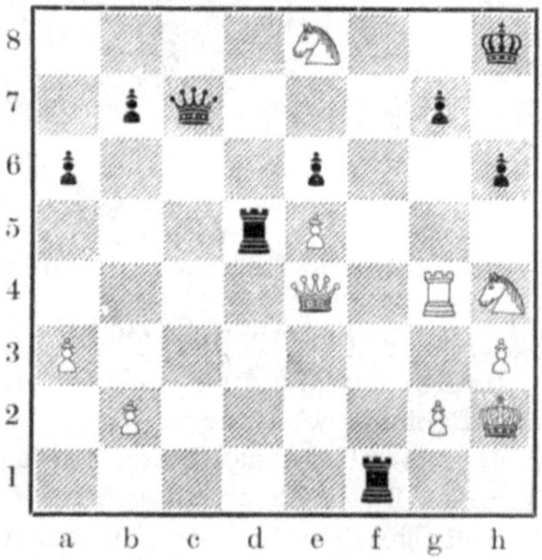

Bronstein (Moskau-Prag 1946)

Schwarz, in verlorener Stellung, sah eine Chance im Schach auf g1: **1. .... Db6.** Aber Weiß spielte so, daß er den Bg7 mit Schach nehmen konnte: **2. Dh7+! Kh7: 3. Tg7+ Kh8 4. Sg6+.** (Man vergleiche hierzu auch die Stellung Alapin—Lewitzky auf Seite 83.)

Jagd auf den Turm

Für viele Schachfreunde ist es eine große Verlockung, mit einem Springer auf Turmfang auszugehen. Besonders ist es für Weiß der Ta8, für Schwarz der Ta1, dem solche Eroberungsgelüste gelten. Solche Unternehmungen können aber, zu früh begonnen und ungenügend vorbereitet, mit einem völligen Mißerfolg enden.

Weiß: N. N. Schwarz: Barcza (1939 in Ungarn gespielt).

1. e4 Sc6 2. d4 d5 3. ed5: Dd5: 4. Sf3 Lg4 5. Sc3. Damit rechnet Weiß auf den folgenden Schlagwechsel, der ihm den Ta8 einbringt. **5. .... Lf3: 6. Sd5: Ld1: 7. Sc7+ Kd7 8. Sa8: Lc2: 9. Lf4.**

Schon beginnen für Weiß die Sorgen. Gelingt es ihm nicht, den Sa8 wieder heil herauszubringen, so hat er zwei Figuren für den Turm verloren und ist im Nachteil. **9. . . . . e5! 10. de5: Lb4† 11. Ke2.** Weiß will nicht den Sa8 einbüßen und verliert nun den König. Notwendig war Ld2. **11. . . . . Sge7 12. e6† fe6: 13. Sc7.** Der Springer ist gerettet, aber . . . . **13. . . . . Sd4† 14. Ke3 Sef5**‡. Eine eigenartige Mattstellung!

Kein Zwang, zu schlagen

Viele Spieler vergessen manchmal, daß im Schach kein Zwang zum Schlagen besteht. Wenn sie eine Figur tauschen oder zum Tausch stellen, rechnen sie meist nur damit, daß der Gegner wiederschlägt und tragen nicht anderen Zugmöglichkeiten Rechnung. So kommt es mitunter zu unliebsamen Überraschungen.

Hussong

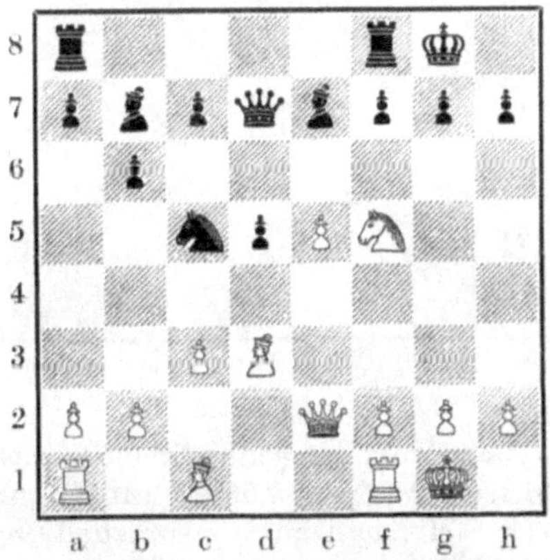

Bogoljubow (Karlsruhe 1938)

Mit **1. . . . . Sd3:?** rechnete Schwarz unwillkürlich nur damit, daß Weiß wiederschlägt, und fiel deshalb nach der verblüffenden Antwort **2. Dg4!!** aus allen Wolken. Schwarz muß aufgeben, da er entweder Matt wird oder durch Sh6† die Dame verliert. Solche Geistesblitze beleben den Schachkampf und entzücken den Nachspielenden!

Kreuzfesselung

Wie auf ein Wunder schaut der Schachfreund auf die Kreuzfesselung. Obwohl er sie schon manches Mal gesehen hat, läßt er sich stets von neuem überraschen.

G. Walter

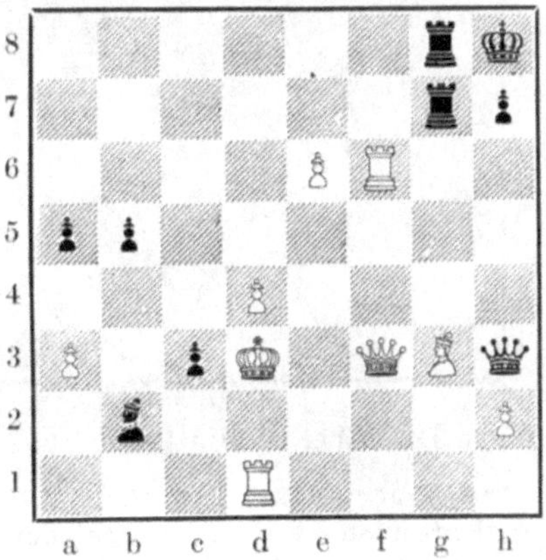

F. Herzog (Tepl.-Schönau 1937)

Welcher Spieler hätte wohl hier der Versuchung widerstanden, mit **1. . . . . Tg3: 2. hg3: Tg3:** auf Damengewinn zu spielen? Und doch erweist sich dies nach **3. Tf8†! Kg7 4. Tg1!!** als grober Fehler. Der Tg3 ist „über Kreuz" gefesselt; die Königsfesselung geht vor. Also bleibt nur **4. . . . . Tg1:**, allein nun siegt Weiß mit **5. Tf7†** und **6. Dh3:** leicht.

Lange Damenzüge

„Warum in die Ferne schweifen, sieh, das Gute liegt so nah!" Aber das schlechte kommt oft von weit her! Besonders sind es die langen Damenzüge, die im Schach nicht genug beachtet werden und dann dem ahnungslosen Spieler einen ungeheuren Schreck bereiten.

(S. Bild auf nächster Seite.)

Weiß hat einen Bauern mehr und Druckspiel; er brauchte also nur ruhig fortzusetzen. Statt dessen ging er mit **1. b4 Lf2 2. Tg6: Sg6: 3. g3?** auf Figurengewinn aus. Der durch Kg2 bedrohte Läufer soll sich nicht nach h4

N. N.

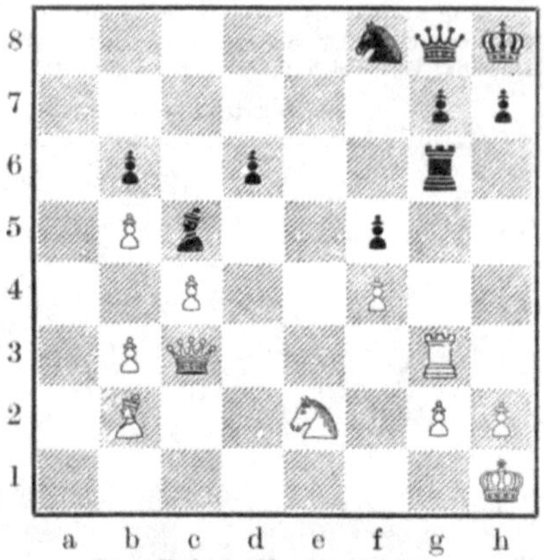

Dr. Zabel (Berlin 1936)

retten können. Wer beschreibt aber sein Entsetzen, als die schwarze Dame langsam die ganze 8. Reihe entlang steuert und mit **3. . . . . Da8†!** ein tödliches Schach bietet?

Luftloch

Luft braucht der König, sonst kann er nur zu leicht ersticken! Bei allen Kombinationen muß darauf geachtet werden, ob der Gegner ein etwa fehlendes Luftloch nicht zu einem unliebsamen Gegenschlag auszunutzen vermag. Hiergegen verstieß Schwarz in nachfolgendem Schlußspiel.

Gilg

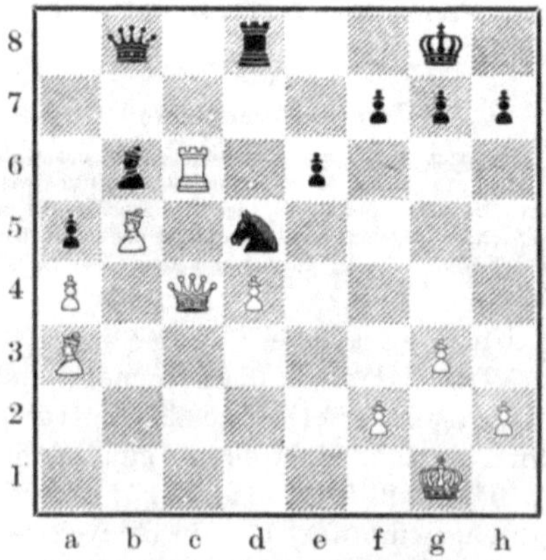

Lange (Oeynhausen 1940)

Mit **1. . . . . Sb4?** glaubte Schwarz einen günstigen Tausch zu machen; er rechnete bis **2. Lb4: ab4: 3. Db4: Td4:,** und nicht weiter. Es kam jedoch **4. Lc4!,** und infolge des fehlenden Luftloches kann Schwarz den Lb6 nicht retten. Auf Tc4: geschieht einfach 5. Dc4: mit leichtem Gewinn. Schwarz versuchte noch **4. . . . . h6,** verlor aber nach **5. Tb6:** schnell.

Ein besonders frappierendes Beispiel zu diesem wichtigen Thema sei hier noch angefügt.

N. N.

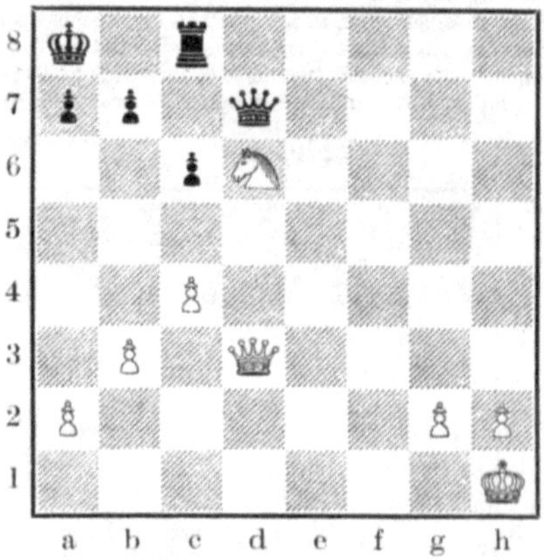

Dr. Zabel (Berlin 1948)

Der Führer der weißen Steine schrieb hierzu: „Mit Weiß hoffte ich auf Grund der Freibauern auf Gewinn und zog zwecks Vereinfachung **1. Df5?** (Richtig war es, mit 1. c5! zunächst die Stellung zu sichern und dann schleunigst ein Luftloch zu machen). Es folgte jedoch **1. . . . . Te8!** Das war ein mächtiger Schreck für mich! Statt zum Damentausch zu kommen und die verbundenen Freibauern (trotz der Qualität weniger) siegbringend zu verwerten, verlor ich nun den Springer und gab das Spiel auf." — Wegen des fehlenden

Luftloches kann Weiß weder Turm noch Dame des Gegners nehmen, wie leicht ersichtlich.

Nicht rochiert

Wer mit Absicht nicht rochiert oder sich die Rochade verderben läßt, nimmt erhöhte Gefahren auf sich. Der Gegner wird dann ständig nach irgendwelchen Kombinationen fahnden; seine Kampfesstimmung ist besonders angeregt. — oder sollte es wenigstens sein.

Wieder einmal hat Weiß einen Bauern gewonnen und dafür die Entwicklung sträflich vernachlässigt. Schwarz zog nun 1. . . . . De5? und verlor später gar noch die Partie. Wo bleibt da die Gerechtigkeit? Nun, Schwarz hat seine

Bundfuß

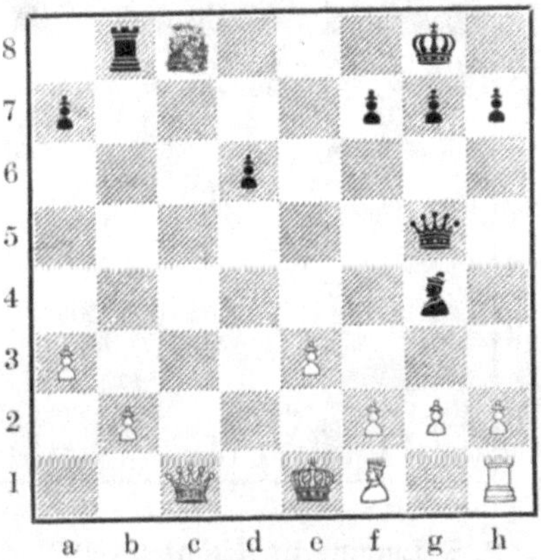

Schmitz (Dortmund 1936)

gute Chance verschenkt, und Caïssa pflegt nur e i n m a l die Hand zum Glück zu bieten. In der Bildstellung hatte er in **1. . . . . Da5†!** eine gewinnverheißende Fortsetzung, denn 2. b4 scheitert an Tb4:! 3. ab4: Db4+ 4. Dd2 Db1† nebst Matt, und auf 2. Dc3 folgt Dc3+ 3. bc3: Tb1† 4. Kd2 Td1† 5. Kc2 Le2 usw. Am besten geschieht daher noch **2. Dd2,** doch nach **Dd2+ 3. Kd2: Tb2+ 4. Kc3 Tf2:** usw. wird Schwarz das Endspiel gewinnen.

Bei der Wichtigkeit dieses Themas folgt noch ein Beispiel.

Kottnauer

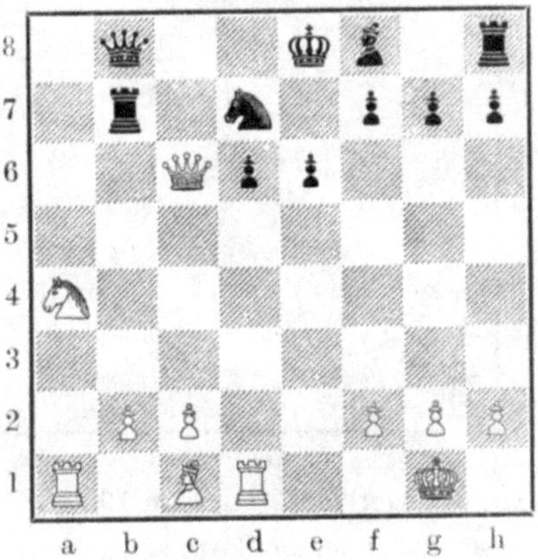

Smyslow (Groningen 1946)

Schwarz ist nicht zur Entwicklung und vor allem nicht zur Rochade gekommen. Außerdem hat Weiß die offenen Turmlinien in Besitz und den Sd7 gefesselt. Alle diese Umstände ermöglichen eine elegante Kombination: **1. Sc5!** (Damit der Td1 freie Fahrt erhält.) **1. . . . . dc5: 2. Lf4! Ld6.** Ein verzweifelter Entschluß, aber sonst geht der Tb7 verloren. **3. Ld6: Tb6 4. Dd7+!** Schwarz gab auf; nach Kd7: 5. Lb8+ usw. bleibt er mit einer Figur in Rückstand.

Patt

Wer in Gewinnstellung pattsetzt, hat Hohn und Spott der Kiebitze zu gewärtigen. Hüte dich deshalb vor dem Patt; strebe es aber an, wenn deine Partie gefährdet ist und sich nur irgendeine Möglichkeit dazu bietet.

(S. Bild auf nächster Seite.)

Erst Ta6† und dann Kb2 gewann spielend. Sorglos zog Weiß aber sofort **1. Kb2?** und sah sich nach **1. . . . . Tb1†! 2. Ka2: Ta1†!** um den Siegespreis betrogen: **3. Ka1:** führt zum Patt!

Schiffler

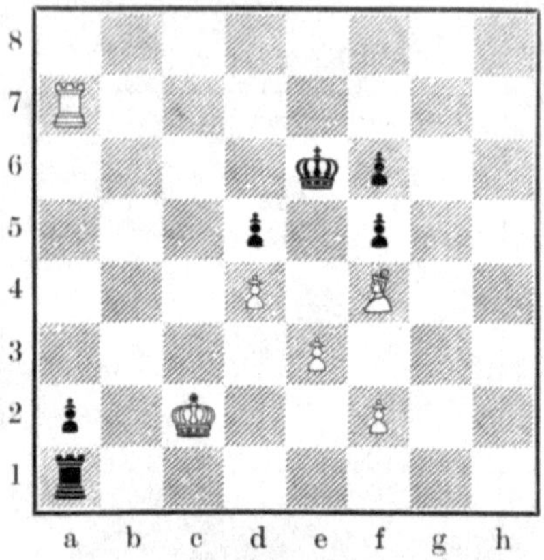

Weißgerber (Dürkheim 1935)

Fast über jedem Patt schwebt das versöhnende Leuchten eines feinen Humors

Preisgabe wichtiger Linien

Das Erkennen einer wichtigen Linie im Schach und ihrer Bedeutung setzt eine gewisse Spielstärke voraus Wie sich mitunter die Preisgabe einer solchen Linie rächt, ist im folgenden Bild zu sehen.

Wüst

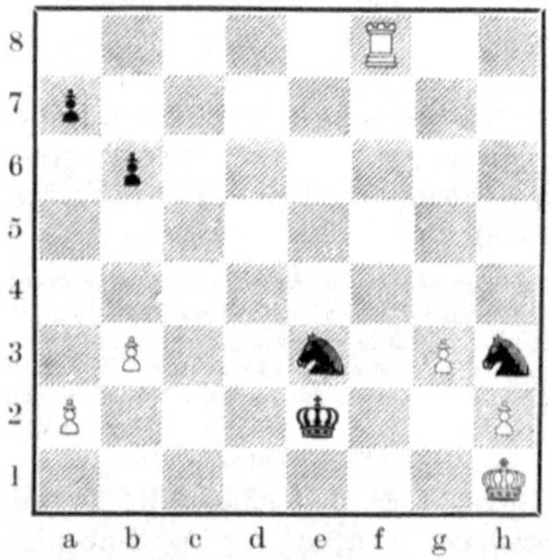

A Hutter (Wien 1939)

Hier schneidet der weiße Turm dem feindlichen König die f-Linie ab, deren Besitz lebenswichtig für Weiß ist. Er sollte daher mit dem Turm auf f7, f6, f8 hin und her ziehen Statt dessen spielte Weiß **1. Th8?** und sah sich nach **1. . . . . Kf1!! 2. Th3: Sg4!** einem undeckbaren Matt auf f2 gegenüber Der eigene Turm blockiert den h-Bauern, so daß sich Weiß kein Luftloch schaffen kann!

Punkt f2 (f7)

Die meisten Kombinationen ereignen sich bei den lernenden Schachfreunden wohl auf den Punkten f2 (f7) bzw h2 (h7), weil diese am leichtesten angreifbar sind. Aber nicht nur Kombinationen ziehen diese Punkte magisch auf sich, sondern auch Fehler und Irrtümer

N N

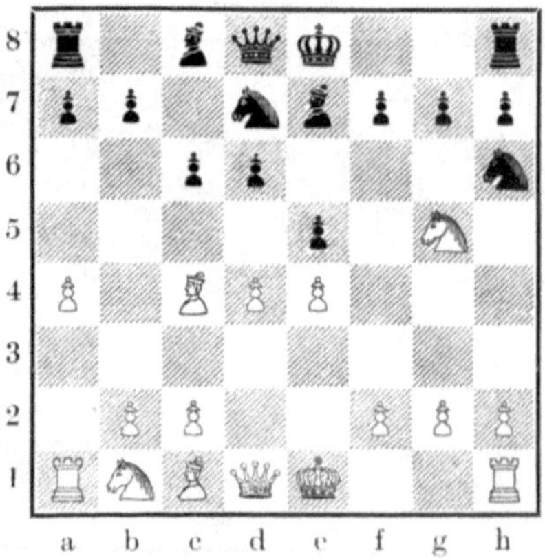

P. S Leonhardt (Hamburg 1921)

Den letzten fehlerhaften Zug von Schwarz (Lf8—e7?) nutzte Weiß zu einem drolligen Damenfang aus. **1. Lf7†! Sf7: 2. Se6 Db6 3. a5 Db4† 4. c3 Dc4 5. Sc7† Kd8 6. b3!,** und Schwarz gab auf. Hier diente die Beseitigung des Bf7 der Freimachung des Feldes e6 Möglich wurde diese Kombination, weil Sd7 den Lc8 verstellte. Auf die daraus entstehenden Gefahren möge besonders achtgegeben werden!

Das nächste Schlußspiel zeigt uns ein falsches Opfer auf f2.

Grob

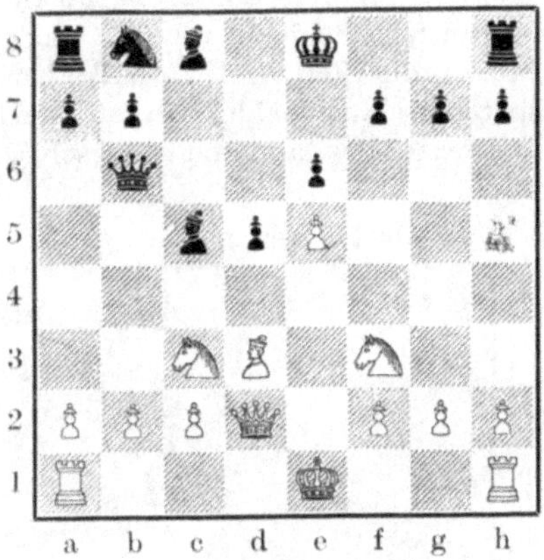

Vistaneckis (München 1936)

Der König soll zwar im Mittelspiel möglichst nicht in den Kampf geführt werden; aber wenn es sich darum handelt, einen errungenen Vorteil zu verteidigen oder eine tödliche Gefahr abzuwenden, dann steht er gleichwohl seinen Mann. Dies vergaß Schwarz, als er in vorstehender Stellung **1. .... Lf2+?** spielte. Seine Idee war, nach **2. Df2:** mit **Db2:** die Figur vorteilhaft zurückzugewinnen. Er hatte aber das Eingreifen des weißen Königs einfach übersehen: **3. Kd2!,** wonach alles gedeckt ist! —

Einen täglich vorkommenden Fehler können wir hier nicht stillschweigend übergehen.

(S. Bild rechts oben.)

(Vorausgegangen: 1. e4 d6 2. Sf3 g6 3. Lc4 Lg7 4. d4.) Schwarz wählte nun den Fesselungszug **4. .... Lg4?** und setzte sich damit dem Überfall **5. Lf7+!** aus, der in dieser und ähnlicher Form zum täglichen Brot des Schachspielers

Biro

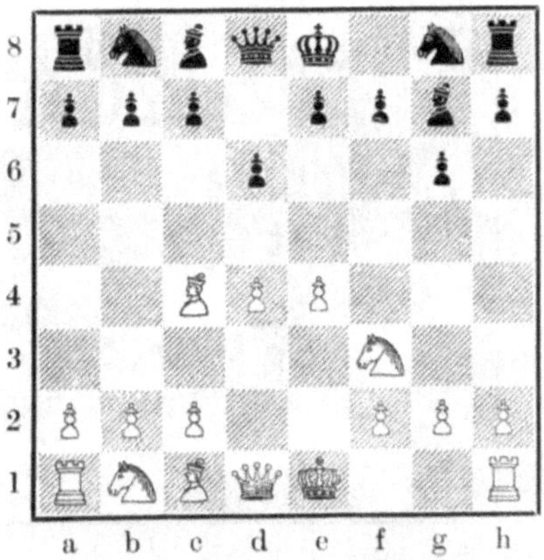

Boros (Budapest 1940)

gehört. Es folgte **5. .... Kf8** (Kf7:, so 6. Sg5† nebst 7. Dg4:) **6. Lb3 Lf6** (Auf 6. .... Sd7 ist 7. Sg5! Ld1: 8. Se6† möglich, mit der hübschen Idee, nach 8. .... Ke8 zunächst noch mit 9. Sg7+ den Lg7 einzustecken!) **7. h3 Ld7** (Besser war der Tausch auf f3.) **8. e5.** Aufgegeben. Nach Lg7 ist 9. Sg5! zu stark.

Punkt h2 (h7)

In einem Register schachlicher Fehler wird das Läuferopfer auf h7 (bzw. h2) stets einen Ehrenplatz einnehmen. Nicht daß das Opfer fehlerhaft wäre; es ist sogar meist korrekt. Aber daß es übersehen bzw. zugelassen wird, das ist das immer wieder von neuem Erstaunliche.

(S. Bild auf nächster Seite.)

Der letzte Zug von Weiß (Lf1—d3) entwickelte nicht nur, sondern drohte bereits. Schwarz dachte an nichts Böses und antwortete **1. .... Sbc6?;** nun schlug es mit **2. Lh7+!** ein: **2. .... Kh7: 3. Sg5† Kg8.** (Bei Kg6 4. Dg4 f5 5. Dg3! hat Weiß ebenfalls entscheidenden Angriff.) **4. Dh5 Te8.** (Der einzige Zug, wenn Schwarz nicht gleich aufgeben will!) **5. Df7+ Kh8 6. Ld6!!** (Der schnellste Weg zum Siege! Der Se7 wird — bei der Königsstellung auf f8 — gefesselt. Falls 6. .... Dd6:, so

Haarer

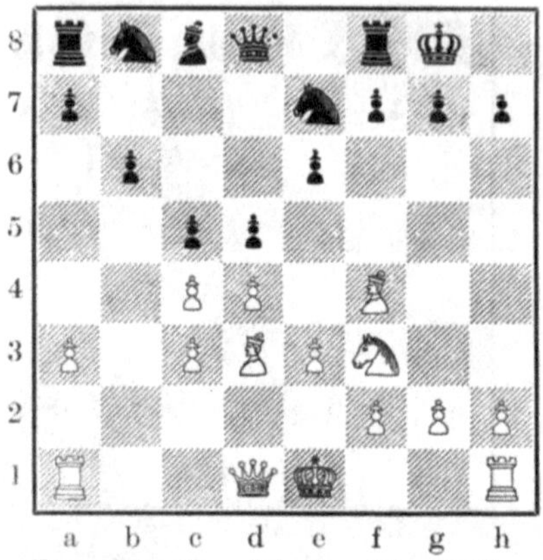

Drescher (Frankfurt a. M. 1940)

7. Dh5†! nebst 8. De8:‡. Schwarz könnte jetzt nur noch mit 6. . . . . Sf5 7. Dh5† Sh6 8. Sf7† unter Damenverlust weiterspielen.) **6. . . . . Dd7 7. Dh5† Kg8 8. Dh7† Kf8 9. Dh8‡.**

Schachblindheit

Denkfehler und Irrtümer, die mit normalen Gründen nicht zu erklären sind, bringt man unter den Begriff: Schachblindheit. Wie soll man es auch sonst anders nennen, wenn ein anerkannt guter Spieler einen einfachen Denkfehler begeht oder gar eine handgreifliche Drohung übersieht.

Dr. E. Lasker

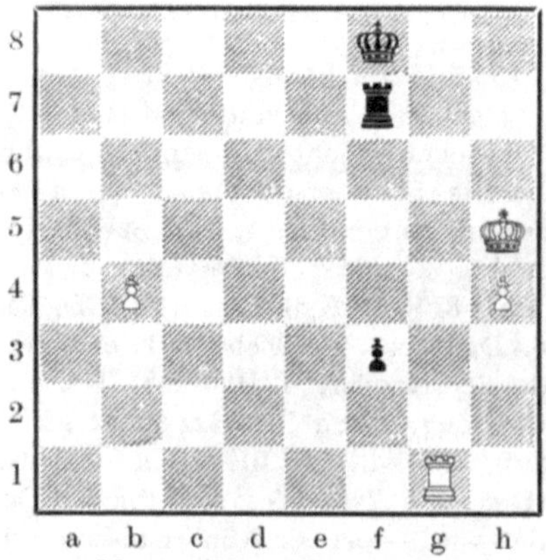

Mason (Hastings 1895)

Was würden Sie hier ziehen? — Nun, selbstredend **1.** . . . . Th7† **2.** Kg4 Tg7† **3.** Kf3: Tg1: mit leichtem Gewinn. Was aber zog Schwarz, der nachmalige Weltmeister und einer der stärksten Spieler aller Zeiten? **1. . . . . Tg7?** mit späterem Remisschluß. Auch Weltmeister sind — dann und wann schachblind.

H. Herrmann

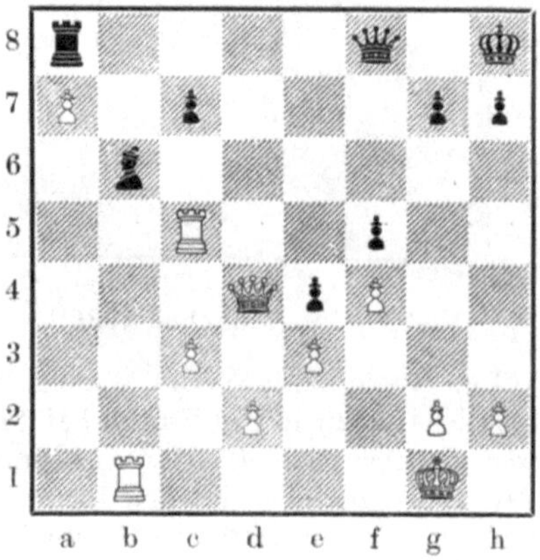

Schmitt (Oeynhausen 1938)

Schwarz konnte ganz simpel mit **1. . . . . Lc5:!** gewinnen, denn das von ihm gefürchtete Opfer **2. Dc5:?** scheitert an **Dc5: 3. Tb8† Df8!!** Daß er auf b8 nicht zu schlagen braucht, sondern einfach die Dame dazwischenziehen kann, hatte Schwarz in einem Anfall von Schachblindheit glatt übersehen!

In der Partie geschah **1. . . . . Td8?**, und nun gewann Weiß: **2. Tb6:!** (Am besten.) **2. . . . . Td4:** (Auf cb6: ist Tf5:! stark.) **3. Tb8 Td8 4. Tcb5!** usw.

Schrecksekunde

Ein unerwarteter, nicht mitgerechneter Zug des Gegners trifft den Spieler oft wie ein Keulenschlag. Wer eine solche „Schrecksekunde" nicht überwindet, sondern den Kopf und den Überblick verliert, wird dann eine Katastrophe erleben.

Stalda

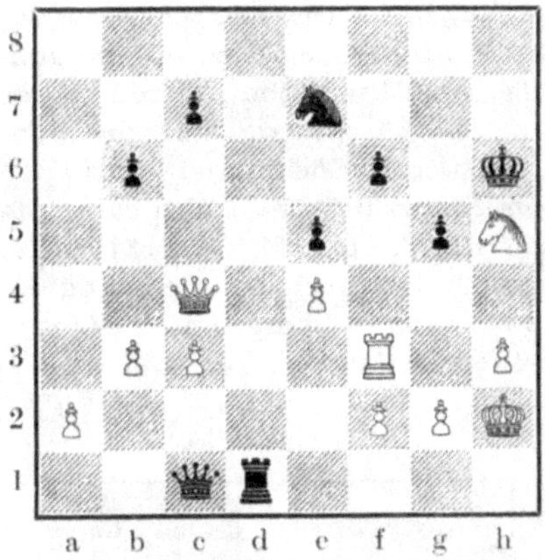

H. Johner (Schweiz—Italien, 1938)

Weiß steht klar auf Gewinn; er braucht nur 1. Tf6+ Sg6 (Kh5: Df7†) 2. Sg3 zu ziehen, worauf Schwarz vermutlich aufgegeben hätte. Statt dessen spielte er **1. Df7?**, was ja ebenfalls stark aussieht. Es kam jedoch **1. .... Th1† 2. Kg3 Th3+!!** Auf gh3: würde nun Dg1, auf Kh3: Dh1† nebst Dh4+ folgen. Weiß, so grausam aus den schönsten Siegesträumen gerissen, gab vor Schreck die Partie auf! Dabei konnte er, wie nach der Partie festgestellt wurde, sich noch retten: nach **3. Kg4!** hätte Schwarz sich mit einem Remis durch Dauerschach (3. .... Th4† 4. Kg3 Th3†! 5. Kg4! usw.) begnügen müssen. Bei kaltblütiger Überlegung wäre einem Meister vom Range Johners eine solche Möglichkeit sicher nicht entgangen; so aber ließ er sich von der Schrecksekunde überrumpeln.

Siegessicher

Es ist erklärlich, daß der Spieler, der eine Gewinnstellung erlangt hat, nachläßt, weil er die Hauptarbeit getan glaubt, während sein Gegner wie ein Luchs nach der geringsten Schwäche ausspäht. Aus solcher Einstellung heraus entwickeln sich manchmal kleine Tragödien.

Hecker

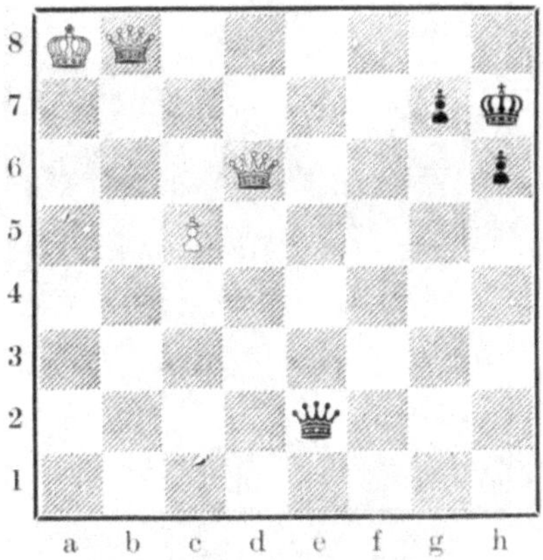

Deppe (Mannheim 1938)

Allzu siegessicher (mit zwei Damen gegen eine!), zog Weiß **1. c6?** und erlebte einen bösen Reinfall: **1. .... Da6† 2. Da7 Dc8† 3. Ddb8 Dc6+.** Schwarz bietet fortwährend Schach. Wir haben hier die bekannte Eckstellung vor uns, wo eine Dame gegen zwei remis hält, weil sie ewig Schach geben kann.

Nichts ist schwerer, als eine gewonnene Partie zu gewinnen! Dabei konnte Weiß in der Bildstellung mit 1. Db1†! zu einem rasch entscheidenden Angriff kommen.

Tauschangebot im unrichtigen Augenblick

Wer Lust zu tauschen hat .... betrügt sich im Schach manchmal selbst. Durch verfehlte Tauschangebote und falsche Tauschwendungen gehen viele Partien verloren. Der Schachfreund beachtet zu wenig, daß erstens ein Tauschangebot vorteilhaft abgelehnt oder zweitens durch überraschende Zwischenzüge illusorisch gemacht werden kann, und daß drittens ein Tausch tiefgreifende Veränderungen schafft, die der Partie unter Umständen ein völlig anderes Gepräge geben.

Lilienthal

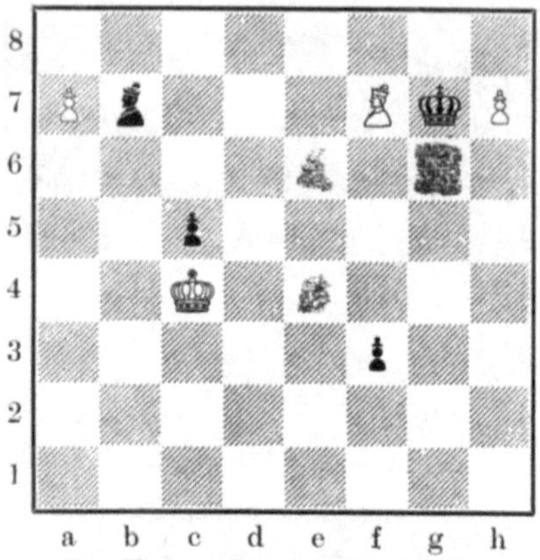

Dr. Euwe (Stockholm 1937)

Statt mit 1. Lg6! f2 2 Ld3! usw. zu gewinnen (Bitte nachprüfen!), stellte Weiß mit **1. Ld5?** den Läufer zum Tausch (wohl in der Hoffnung auf Ld5 †? **2.** Kd5 f2 **3.** h8D† Kh8 **4.** a8D† oder ähnliche Wendungen) Der Zwischenzug **1. .... f2!** riß ihn aber aus allen Träumen, da der Bauer mit Schach in die Dame geht, kann Weiß den Verlust der Partie nicht vermeiden.

Duras

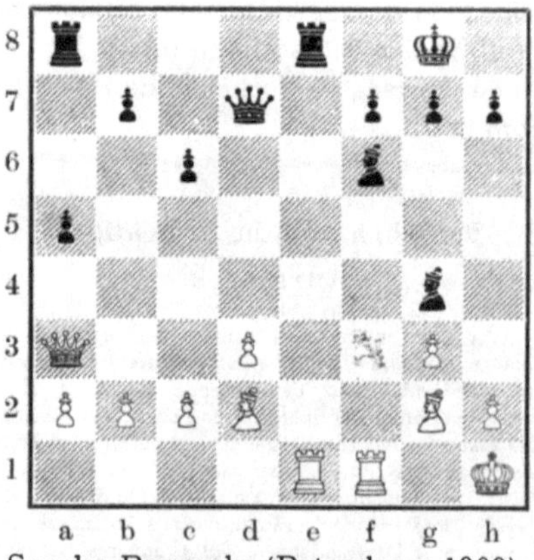

Snosko-Borowski (Petersburg 1909)

Auf **1. .... Lh3** tauschte Weiß sofort **2. Lh3: Dh3:**, und beförderte damit die schwarze Dame in eine günstige Angriffsposition Allerdings war seine Lage schwierig, und die wünschenswerte Rückführung der Da3 zum Königsflügel (evtl über c5) würde den Bb2 kosten Mit **3. Lc3?** stellte Weiß deshalb auch den zweiten Läufer zum Tausch — und gab nach der verblüffenden Antwort **Te2!!** auf

Paschkowski

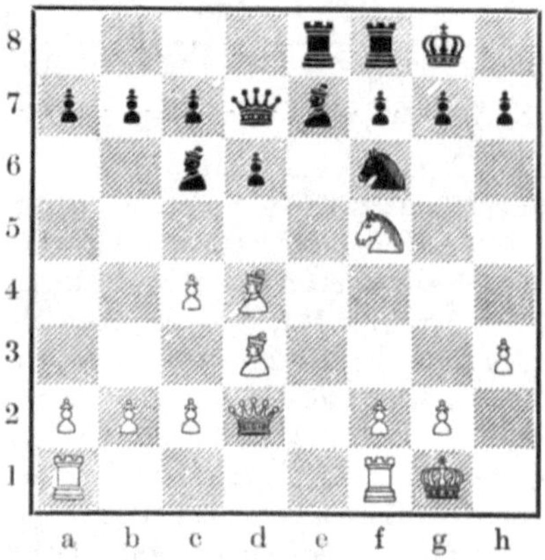

Dr Walcker (Petersburg 1910)

Ähnlich katastrophale Folgen hatte hier die Tauschofferte **1. .... Le4?,** die scheinbar Weiß nach **2. Le4: Se4:** zu dem weiteren Tausch auf e7 nötigt (mit ganz guter Stellung für Schwarz). Jedoch der „Blitz aus heiterem Himmel" **3. Dh6!!** entschied sofort für Weiß Eine sehr witzige Wendung!

Trugschluß

Zwei Seelen und - ein falscher Gedanke! Das gibt es im Schach (und übrigens nicht nur im Schach), daß zwei Spieler gleichzeitig demselben Trugschluß erliegen, daß sie eine fehlerhafte Idee für richtig halten oder eine richtige Idee für falsch

Anderssen

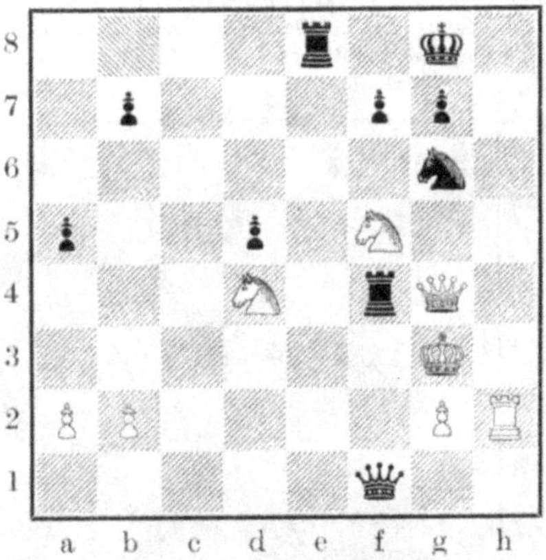

Göring (Leipzig 1877)

Nach **1. Se7† Te7: 2. Dc8†** glaubten beide Spieler an das folgende Matt **Sf8? 3. Df8:†! Kf8: 4. Th8+,** wobei der Te7 seinem König den letzten Ausweg versperrt. Erst in der Analyse erkannten sie, daß **2. . . . .** Te8!! (statt sofort Sf8) **3.** De8 † und nun erst Sf8! die Mattkombination widerlegt und Schwarz in gewinnender Position gelassen hätte Ein merkwürdiger Trugschluß!

P.

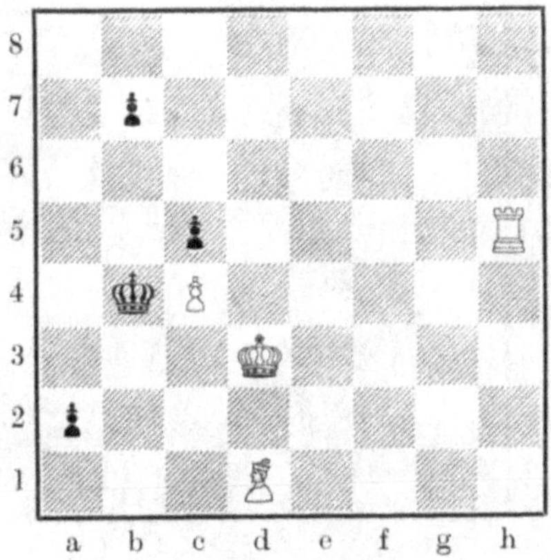

M. (Mannheim 1914)

Weiß und Schwarz sahen wohl **1.** Th7! Ka5! **2.** Tb7 Ka6! **3.** Tb8 Ka7!, und der Ba2 wird unweigerlich eine Dame Nun hätte ja Weiß trotzdem mit Turm und Läufer gegen die Dame noch zähen Widerstand leisten können, doch hatte er dazu keine Lust und gab deshalb in der Bildstellung das Spiel auf!!

Beide Gegner merkten nicht, daß sie eine an sich richtige Idee in Gedanken nur halbrichtig ausführten **1. Th7! Ka5** und nun nicht **2.** Tb7:? sondern **2. Th8!!** mit leichtem Gewinn. Mußte da erst ein Klubmitglied kommen und diese hinterher so selbstverständlichen Züge zeigen Wie schwierig ist doch das Einfache im Schach!

Überlastete Figur

Die Figuren sollen im Schach so aufgestellt werden, daß sie gesichert stehen, aber zugleich den Gegner bedrohen Sie dürfen nicht mit zu vielen Aufgaben belastet werden, da dies ihre Leistungsfähigkeit übersteigt. Grobe Versager können die Folge sein Dies Prinzip ist an dem folgenden einfachen Fehler klar erkennbar

Crepeaux

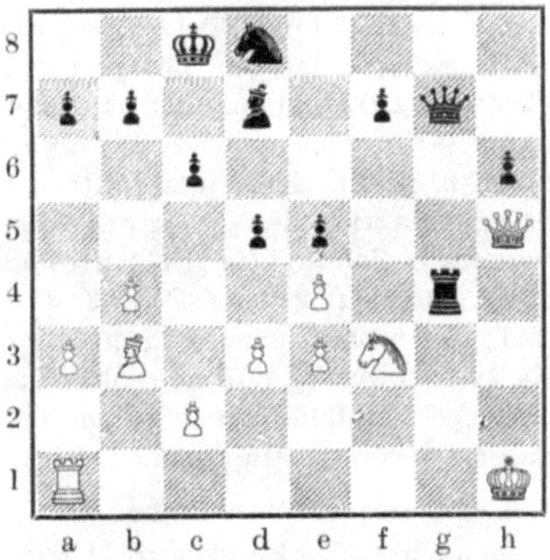

Denes (München 1936)

Das Feld h4 bewacht Weiß mit Dame und Springer. Der grobe Fehler **1. De5:?** machte aber beide Wachen „tot", die eine entfernte sich von ihrem Posten, die andere bekam eine neue, ebenfalls wichtige Aufgabe Das war zuviel, nach **1. . . . . Th4†!** mußte der Springer den Schutz der Dame aufgeben, um den König zu retten.

Ein ebenso häufig vorkommender Fehler ist der folgende.

Golombek

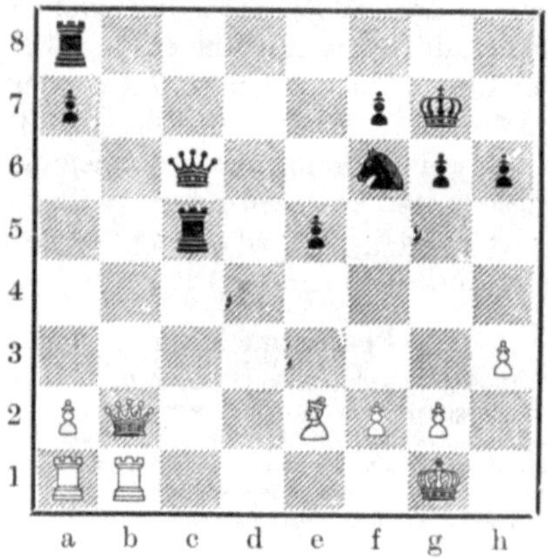

Abrahams (Hastings 1947)

Auf **1. Db7?** folgte **Tc1†!,** und nun zeigte es sich, daß der Tb1 nicht zugleich die Db7 und das Feld c1 decken kann Aber geht nicht noch einfach 2. Kh2? Nein, denn jetzt tritt eine dritte Funktion des Tb1 zutage der verdeckte Schutz des Ta1 Schwarz spielt natürlich 2. . . . Db7 3 Tb7: Ta1 . und erobert einen ganzen Turm. Es ist merkwürdig, daß sich solche und ähnliche Reinfälle fast in jedem Turnier stets von neuem ereignen.

Ungeschützte Figur

Alle logischen „Grundsätze" im Schach machen sich in der Theorie gut, sind aber in der Praxis nur selten durchführbar Sie sollen ja auch nur dazu dienen, dem Lernenden Anhaltspunkte an die Hand zu geben, und können nie und nimmer das selbständige Denken ersetzen! So ist es leicht, den Rat zu geben, keine Figur ungedeckt zu lassen, aber beim Spiel ganz unmöglich, diesen Rat zu befolgen Wir begnügen uns daher damit, auf die Gefahren hinzuweisen, die ungedeckten Figuren drohen

A

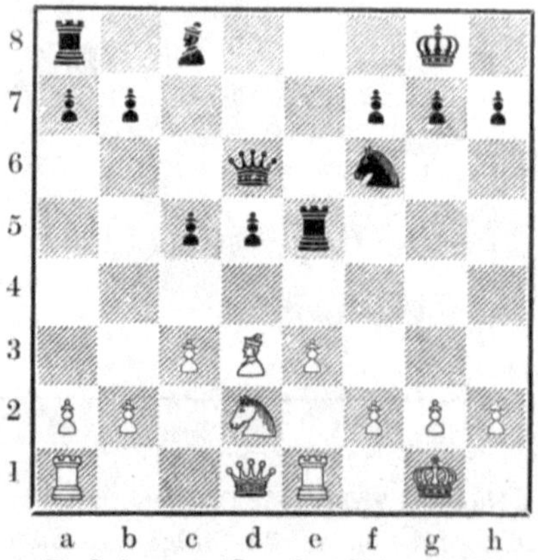

P. Schmitt (Saarbrücken 1933)

Die schwarze Dame steht ungedeckt in der d-Linie, und das wird Schwarz hier zum Verhängnis mit **1. Sc4!** eroberte Weiß die Qualität, da dc4 ? wegen 2 Lh7+! nebst 3 Dd6 nicht angeht

Einen nicht eben seltenen Fall zeigt das nächste Bild

Stuckenbrock

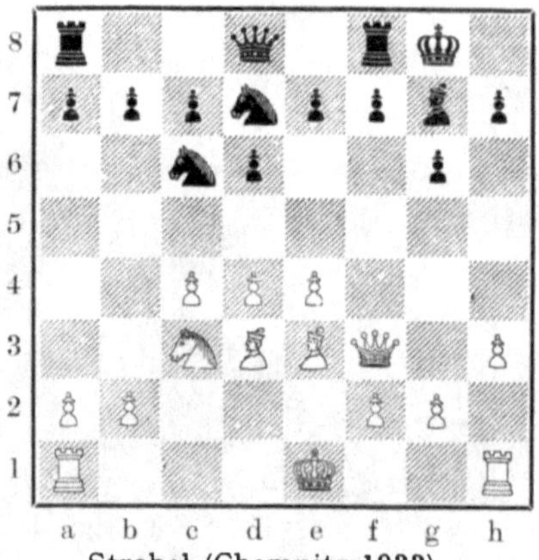

Strobel (Chemnitz 1933)

Der Ld3 steht ungedeckt, was an sich noch nicht viel schadet. Erst nach **1. Se2?**, was der weißen Dame den Rückzug verstellt, kann Schwarz mit **1. . . . . Sde5!! 2. de5: Se5:** aus der ungeschützten Stellung des Ld3 Nutzen ziehen. Es folgte **3. Dg3 Sd3+ 4. Kf1 c5**, und Schwarz gewann mit einem guten Bauern mehr bei besserer Stellung sicher.

Verfehlte Linienöffnung

Wenn es gelungen ist, eine wichtige Angriffslinie des Gegners mit einer eigenen Figur zu blockieren, so darf man sie auf keinen Fall wieder öffnen (es sei denn, daß der Nutzen den Schaden überwiegt).

K. Meyer

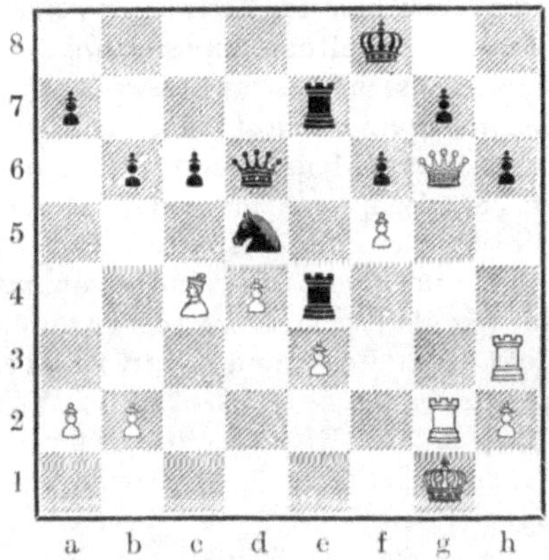

A. Aebi (Bern 1936)

Schwarz hat die Linie des Lc4 gut verstopft; der weiße Angriff ist im Augenblick nicht sehr gefährlich. Der Drohung Th6: konnte Schwarz mit der Gegendrohung Db4! zuvorkommen. Statt dessen zog er **1. . . . . Te3:? 2. Te3: Se3:** (Erzwungen, da der Te7 den Bg7 bewachen muß), und öffnete damit dem Lc4 wieder den Ausblick. Mit **3. Dh6:!!** nahm Weiß seine Chance glänzend wahr; alle weißen Figuren stehen ein, und Schwarz darf keine schlagen! Nach **3. . . . . Ke8 4. Dh8† Kd7 5. Le6† Te6: 6. fe6+ De6:** (Ke6: De8†) **7. Tg7+ Kd6 8. Dd8†** vollendete sich sein Schicksal, an dem er freilich selbst Schuld trug. —

Eine andere Art, eine Linie im unrichtigen Augenblick zu öffnen, sei an Hand des folgenden Endspiels erläutert.

Steinkohl

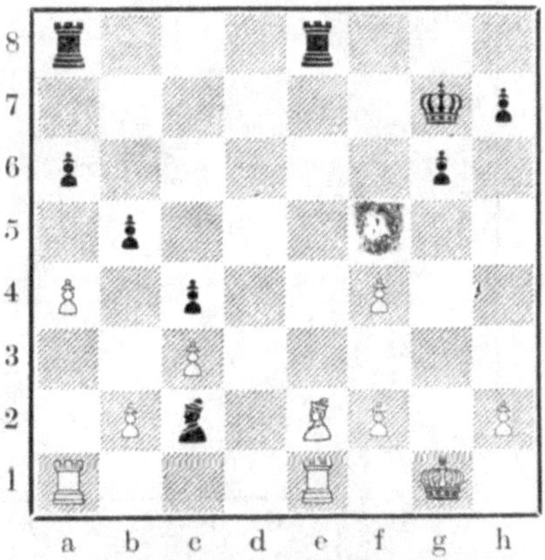

Müller (Worms 1935)

Weiß steht etwas schlechter, sein Mehrbauer ist wertlos. Mit dem unüberlegten Abtausch **1. ab5:?** arbeitete er aber dem Gegner geradezu in die Hände. (Richtig war es, mit 1. a5 die a-Linie geschlossen zu halten, um den Ta8 nicht zur Wirkung kommen zu lassen.) Nach **1. . . . . ab5:** drohte Schwarz bereits Te2:!, so daß Weiß sich zu **2. Ta8: Ta8:** veranlaßt sah. Der neuen Drohung Ta2 suchte er mit **3. Tc1 Lf5 4. Td1 Ta2 5. Td2** zu begegnen, erlag nun aber einem eleganten Durchbruch: **5. . . . . b4!! 6. Lc4:** (cb4:, c3!) **6. . . . . bc3: 7. La2: cd2: 8. Lb3 Lg4.** Schwarz gewann leicht.

Die von Weiß freiwillig geöffnete a-Linie wurde so zur Operationsbasis von Schwarz!

Zeitnot

Fast in jedem Turnier ereignen sich Zeitnotfehler, die nicht auf ein schachliches Versagen der Spieler zurückzuführen sind, sondern auf die Aufregung und den Zwang des plötzlichen Entschlusses. Die schon geschilderte „Gespensterfurcht" tritt dabei besonders in Erscheinung.

Frl. Belowa

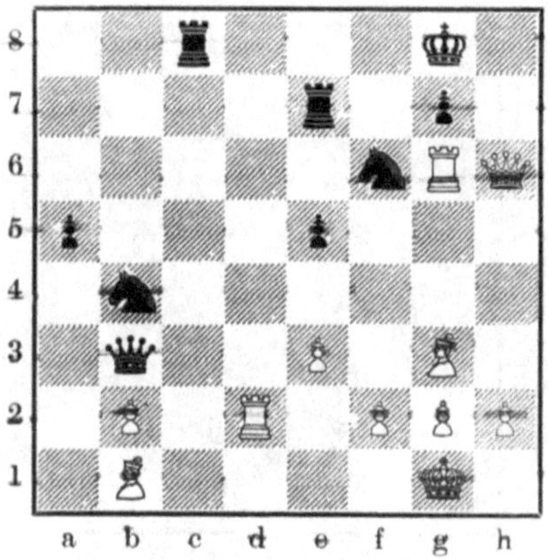

Frl. Keller (Moskau 1949)

Hier hatte die deutsche Vertreterin bei der Frauen-Weltmeisterschaft, Frl. Edith Keller, gleich in der ersten Partie eine gewinnverheißende Stellung erlangt. Sie brauchte nur 1. h3! zu ziehen. Allein es war der letzte Zug vor der Zeitkontrolle; das Blättchen der Uhr drohte jeden Augenblick zu fallen, und da verlor Frl. Keller die Übersicht: **1. Tg7:† ? ? Tg7:**. Der Turm war dahin und der Traum von der Weltmeisterschaft nach dieser unnötigen Niederlage kaum noch zu verwirklichen.

Mitunter jedoch übersteht der Spieler die Zeitnot ohne Schaden und macht in begreiflicher Reaktion auf die überstandene Aufregung den Fehler gerade dann, wenn er wieder Zeit hat.

Pfeiffer

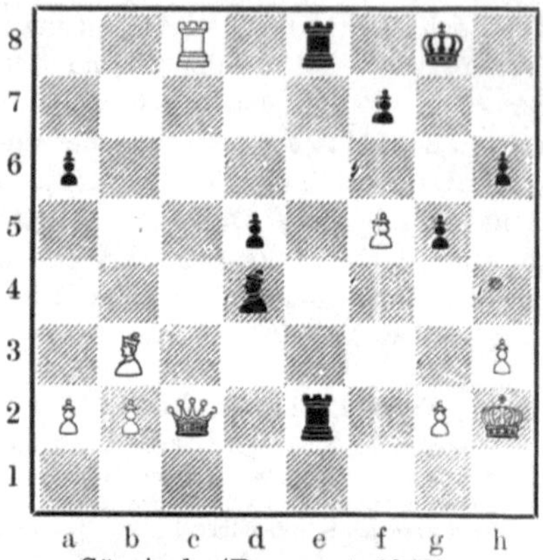

Sämisch (Pyrmont 1949)

So hatte hier der Zeitnot-Spezialist Sämisch in Zeitnot ausgezeichnet gespielt; er steht klar auf Gewinn. Sein Gegner Pfeiffer erfaßt jedoch den psychologischen Moment und bietet remis an. Sämisch, noch unter der Schockwirkung der Zeitnot stehend, hält die Partie für „verpatzt" und — nimmt an! (Er glaubte an Dauerschach durch Le5† Kg1! Ld4† und so fort.) Dabei konnte er nach 1. .... Le5† 2. Kg1 Ld4† mit 3. Kh1! leicht gewinnen: Te1† 4. Kh2 Le5† 5. g3, bzw. 4. .... Lg1† 5. Kg 3 T1e3† 6. Kg 4 T3e4† 7. De4:! usw. Da halfen alle Selbstvorwürfe nichts mehr — der halbe Punkt war unwiederbringlich dahin.

Aber das gehört ja eigentlich schon in das Kapitel Psychologie. Wer diese Seiten sorgfältig liest, wird längst beobachtet haben, daß die Psychologie ein nicht unwesentlicher Bestandteil der Spielstärke ist.

Zugumstellung

Es ist in der Schachpartie durchaus nicht gleichgültig, in welcher Reihenfolge bestimmte Züge ausgeführt werden. Sehr oft kommt gerade diesem Umstand entscheidende Bedeutung zu.

Röß

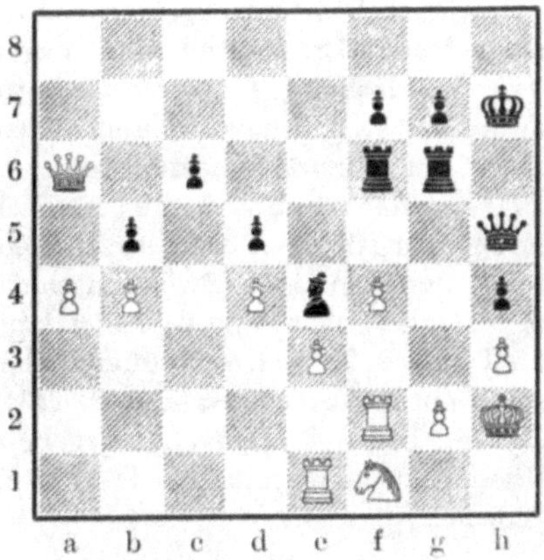

Heinicke (Bad Elster 1939)

Weiß hatte, um einen Bauern zu erobern, die Dame außer Spiel gebracht. Dies machte sich Schwarz zunutze. **1. . . . . Tg2‡ ! 2. Tg2 : Tg6?** (Schwarz rechnete nur mit 3. Tle2 und wollte dann mit Df3 gewinnen. In umgekehrter Reihenfolge 2. . . . . Df3!! 3. Tle2 Tg6! war diese schöne Kombination richtig. Die Zugvertauschung dagegen rettet Weiß.) **3. Tf2!** (Daß Weiß so einfach ausweichen kann, hatte Schwarz übersehen. Er unternahm noch einen Verzweiflungsangriff . . . .) **3. . . . . Df3** (. . . . den Weiß aber leicht abwehrte:) **4. Tf3 : Lf3 : 5. Sg3 : hg3‡ 6. Kg1 Le4 7. a5 Th6 8. Dc8 f5 9. Te2 Th3 : 10. Tg2!.** Aufgegeben. Schade um die prächtige Kombination!

Zu wenig Schach geboten

„Falsches Schachbieten" (s. dort) kann ebenso schädlich sein wie der sog. „stille Zug". Auch hier bestätigt die Erfahrung die Gegensätzlichkeit des Schachspiels.

Lewitzky

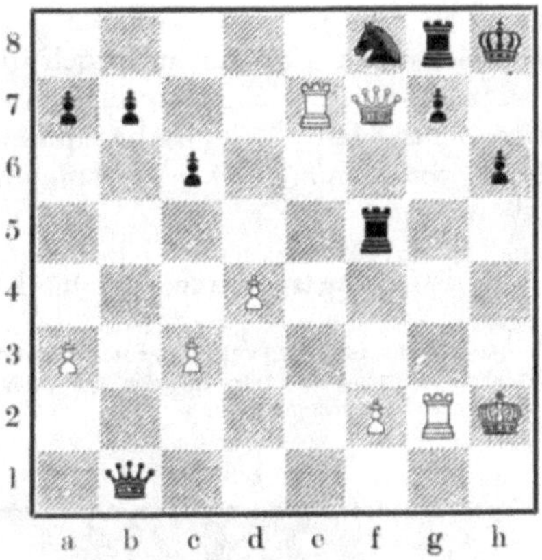

Alapin (1914)

Weiß zog **1. De8?** und verlor. Dabei hätte er mit ständigem Schachbieten (fast immer richtig im Endkampf der schweren Figuren!) in vier Zügen mattsetzen können: **1. Dg8 :†! Kg8 : 2. Teg7 :† Kh8 3. Tg8† Kh7 4. T2g7‡.**

Capablanca

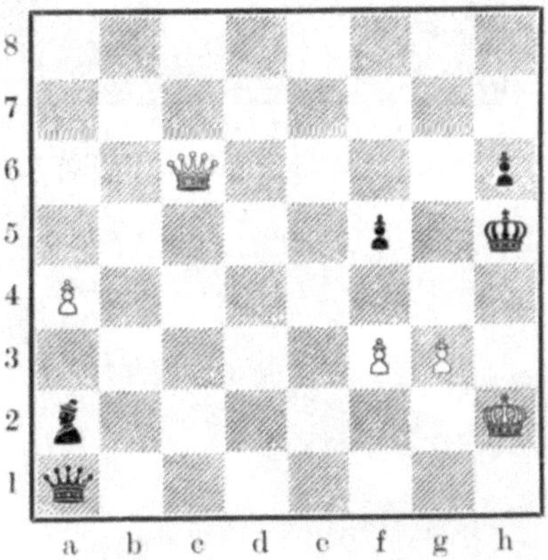

Marshall (New York 1909)

Wer zuerst kommt, mahlt zuerst, und so hätte Weiß mit **1. De8†! Kg5 2. f4†!** sehr erfolgreich „mahlen" können (**Kg4 3. De2╪**, bzw. **Kf6 3. Dh8†** nebst **4. Da1:**). Statt dessen zog er **1. Db5?** und verlor nun natürlich die Partie. Zwei lehrreiche Übersehen, und trotzdem: Halte beim Schachbieten Maß! Nicht immer ist es so sinnvoll wie hier.

Zwischenzug

Nichts ist so gefürchtet und weniges so effektvoll wie der Zwischenzug. Wir lernten seine mitunter entscheidende Wirkung schon bei mancher Gelegenheit kennen. Ein einleuchtendes Beispiel soll hier noch Platz finden.

Riebel

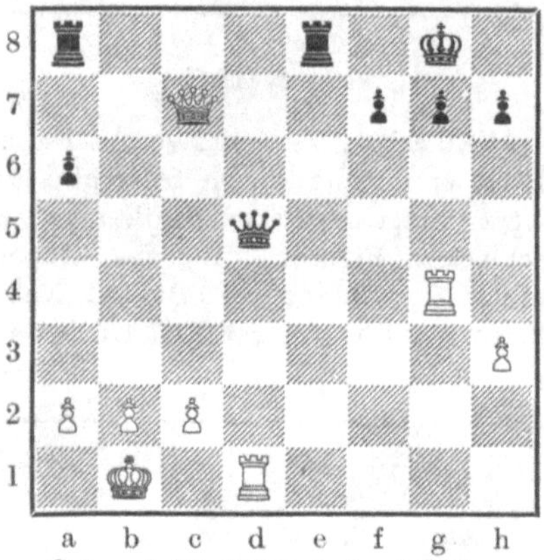

Schandalik (Mannheim 1936)

Weiß hatte einen Läufer auf g4, Schwarz soeben einen Springer auf d5 eingesteckt. Er glaubte sich wegen der Mattdrohung auf diese gewagte Wendung einlassen zu können, hatte aber die Rechnung ohne die Zwischenzüge gemacht! Es folgte nämlich **1. Tg7+!! Kh8.** Bei Kg7: deckt Weiß mit dem neuen Zwischenschach 2. Dg3† das Feld e1 und verspeist dann die Dame. **2. Tg8†!!.** Verblüffend, aber sehr richtig. **2. . . . . Kg8:** (Tg8: 3 Dc3†! Tg7 4. Td5:.) **3. Dg3†.** Aufgegeben. Wieder ist das entscheidende Feld e1 gedeckt.

★

Wir sind am Ende — oder sind wir's nicht?
Wir sah'n die Kehrseite — und das Gesicht.
Das Helle schauten wir — das Dunkle auch,
Das Ungewöhnliche — und auch den Brauch.
Wir sah'n das Schach in seiner Vielgestalt,
In seinem ewig wechselnden Gehalt!

Kolibri 360 GmbH
Ferdinand-Jühlke-Straße 7
99095 Erfurt, Deutschland
produktsicherheit@kolibri360.de